深空探测译丛

太空网络安全

Cybersecurity for Space
Protecting the Final Frontier

[美] 雅各布·G. 奥克利（Jacob G. Oakley） 著

梁敏 高菲 译

国防工业出版社

·北京·

著作权合同登记　国字:01-2023-2209号

图书在版编目(CIP)数据

太空网络安全/(美)雅各布·G. 奥克利 (Jacob G. Oakley)著;梁敏,高菲译.—北京:国防工业出版社,2024.1

书名原文:Cybersecurity for Space:Protecting the Final Frontier

ISBN 978-7-118-13128-4

Ⅰ.①太… Ⅱ.①雅… ②梁… ③高… Ⅲ.①外太空—网络安全 Ⅳ.①V11

中国国家版本馆 CIP 数据核字(2024)第 018466 号

First published in English under the title

Cybersecurity for Space:Protecting the Final Frontier

by Jacob G. Oakley, edition:1

Copyright © Jacob G. Oakley,2020

This edition has been translated and published under licence from APress Media,LLC,part of Springer Nature.

APress Media,LLC,part of Springer Nature takes no responsiblity and shall not be made liable for the accuracy of the translation.

本书简体中文版由 Springer 授权国防工业出版社独家出版。

版权所有,侵权必究

※

国防工业出版社出版发行

(北京市海淀区紫竹院南路 23 号　邮政编码 100048)
三河市天利华印刷装订有限公司印刷
新华书店经售

＊

开本 710mm×1000mm　1/16　印张 9　字数 148 千字
2024 年 1 月第 1 版第 1 次印刷　印数 1—1500 册　定价 98.00 元

(本书如有印装错误,我社负责调换)

国防书店:(010)88540777　　书店传真:(010)88540776
发行业务:(010)88540717　　发行传真:(010)88540762

译者序

当今世界各航天大国掀起了新一轮太空探索热潮，以期进一步掌握太空领域主动权。全球航天产业继续保持快速发展态势，航天器发射能力不断提高，年度发射航天器数量持续创下历史新高；载人航天、深空探测等重大项目的实施如火如荼；以低轨宽带通信为代表的卫星星座开始规模化部署和应用，天基信息网、地面互联网和移动通信网互联互通，正在形成"天网"一体新格局。航天领域在国民经济发展和国防建设中起到显著的作用。然而，必须注意到，太空中也同样面临着严峻的网络安全威胁，太空系统遭到网络攻击已成为事实，且危害巨大，从网络安全角度确保太空资产安全具有极其重要的战略意义。

2020年，本书英文版由Apress出版社正式出版发行。作者雅各布·G.奥克利（Jacob G. Oakley）结合其曾在美国海军陆战队网络空间司令部的工作实践，以网络安全专家的技术研究为基础，从网络安全角度出发，深入浅出地分析太空系统面临的挑战和威胁，从不同层面阐述太空系统和航天任务受到的危害和影响，并通过实例介绍了针对太空系统的网络攻击行动过程。本书紧贴时代需求，将网络空间扩展至太空领域，对太空系统面临的网络安全问题进行全面细致的探讨，可为我国从事航天科技和网络安全方面工作的研究人员提供参考和指引。

本书的翻译主要由具备网络安全学术背景的航天一线科研工作者完成。本书在翻译过程中为力求准确表达原书作者的观点和思想，完整保留了原书中的称谓、举例、假设和观点。

本书在申请立项和翻译出版中得到了诸多专家的热心帮助。感谢王元钦教授、常朝稳教授分别以航天和网络安全专家的视角给予的学术建议。感谢李恒年研究员、杨胜利教授一如既往的大力支持，以及张若兰、廖仁杰、陈爽、黄明在学术专业和翻译校对等方面给予的大力支持。最后，感谢"装备科技译著出版基金"对本书的资助。

希望读者可以借助本书快速地了解到太空领域面临的严峻的网络安全形势，期望更多的专家学者关注太空网络安全问题。由于译者水平有限，书中难免存在疏漏与不妥之处，请各领域专家和读者提出宝贵意见，我们将不胜感激！

译者

2023 年 6 月

前言

随着人类对太空系统认识的不断加深,作为网络安全专家,作者愈发感到太空领域在应对网络安全威胁方面准备不足,同时,网络安全领域对太空领域关注甚少。本书面向网络安全专业人士,介绍太空系统及在轨航天器运行的入门知识。太空系统面临着巨大的挑战和制约,一方面因太空环境的特殊性所致,另一方面因航天器正常在轨运行和应用的要求所限。这些挑战和制约从多个方面对太空系统造成重重威胁。通过阅读本书,网络安全专家可以在学习太空领域相关知识的基础上,制定并实现太空系统强弹性、高安全的解决方案,以确保航天任务的顺利实施。此外,本书分别从宏观和微观两个角度分析了危害太空系统安全的方法和途径,从网络领域剖析了太空系统面临的现实风险。虽然本书是从网络安全角度出发,但是鉴于太空系统组成部分的互联性、数字化和软件定义化等特点,太空领域的运营者、设计师及系统开发人员等,必定能够从对太空系统网络安全威胁及影响的深刻理解中获益。

目 录

第1章 太空系统 …………………………………………………………… 1

    1.1 问题的提出 ………………………………………………………… 2

    1.2 太空系统概述 ……………………………………………………… 2

        1.2.1 地面站设计 ………………………………………………… 3

        1.2.2 航天器设计 ………………………………………………… 5

        1.2.3 地面站功能 ………………………………………………… 6

        1.2.4 航天器功能 ………………………………………………… 7

    1.3 太空系统架构 ……………………………………………………… 10

    1.4 小结 ………………………………………………………………… 13

第2章 太空的挑战 ………………………………………………………… 14

    2.1 环境挑战 …………………………………………………………… 15

        2.1.1 辐射 ………………………………………………………… 15

        2.1.2 温度 ………………………………………………………… 16

        2.1.3 空间物体和碰撞 …………………………………………… 17

2.1.4　地球引力 ·· 18
2.2　运营挑战 ··· 18
　　2.2.1　射前测试 ·· 19
　　2.2.2　运载发射 ·· 19
　　2.2.3　分离部署 ·· 20
　　2.2.4　速率阻尼 ·· 20
　　2.2.5　能源平衡 ·· 21
　　2.2.6　信号互扰 ·· 22
　　2.2.7　通信频率 ·· 22
　　2.2.8　末期离轨 ·· 23
2.3　小结 ··· 23

第3章　近地轨道 ··· 24

3.1　近地轨道、小卫星及一般太空挑战 ····························· 25
　　3.1.1　环境挑战 ·· 25
　　3.1.2　运营挑战 ·· 27
3.2　近地轨道和小卫星的独特方面 ································· 29
　　3.2.1　通信 ·· 29
　　3.2.2　地面覆盖区 ·· 30
　　3.2.3　持续性 ·· 31
　　3.2.4　近地轨道组网太空系统 ·································· 32
　　3.2.5　组网太空系统的挑战 ···································· 32
　　3.2.6　区域性电磁异常现象 ···································· 33
3.3　小结 ··· 34

第4章 其他类型航天器 ... 35

4.1 中地球轨道 ... 35
4.2 地球静止轨道 ... 36
4.3 多轨道星座 ... 38
4.4 特殊系统 ... 39
4.4.1 武器 ... 40
4.4.2 载人航天器 ... 40
4.4.3 星际航天器 ... 41
4.4.4 深空探测器 ... 42
4.5 小结 ... 42

第5章 航天器面临的威胁 ... 43

5.1 电力系统 ... 44
5.1.1 非网络威胁导致供电能力不足 ... 44
5.1.2 非网络威胁导致蓄电池故障 ... 44
5.1.3 网络威胁导致异常通信耗电 ... 45
5.1.4 网络威胁导致异常载荷耗电 ... 45
5.2 通信系统 ... 46
5.2.1 非网络威胁导致通信受干扰 ... 46
5.2.2 非网络威胁导致通信密码被破解 ... 46
5.2.3 网络威胁导致天地通信受阻 ... 47
5.2.4 网络威胁导致通信配置被恶意篡改 ... 47
5.3 导航、定位和控制 ... 48
5.3.1 非网络威胁导致消初偏异常 ... 48

5.3.2　非网络威胁导致GPS芯片故障 ·················· 49
　　　5.3.3　网络威胁导致导航定位异常 ··················· 49
　　　5.3.4　网络威胁导致航天器失控 ····················· 49
　5.4　离轨 ·· 49
　　　5.4.1　非网络威胁导致异常触发离轨程序 ············ 50
　　　5.4.2　网络威胁导致异常触发离轨程序 ··············· 50
　　　5.4.3　网络威胁导致离轨异常 ·························· 50
　5.5　非近地轨道系统 ··· 50
　　　5.5.1　武器 ··· 50
　　　5.5.2　载人航天器 ·· 51
　　　5.5.3　星际 ··· 52
　　　5.5.4　深空 ··· 52
　5.6　小结 ·· 53

第6章　航天任务面临的威胁 ·· 54

　6.1　网络和安全保护 ··· 54
　　　6.1.1　监视器 ·· 55
　　　6.1.2　重要备份 ·· 55
　　　6.1.3　回退加密 ·· 56
　　　6.1.4　资源限制 ·· 56
　6.2　感知任务 ·· 57
　　　6.2.1　无线电信号侦收 ··································· 57
　　　6.2.2　对地光学成像 ······································ 58
　　　6.2.3　对地热成像 ··· 59
　　　6.2.4　对地监视 ·· 59

  6.2.5 空间监视 ·· 60
  6.2.6 空间成像 ·· 61
 6.3 发射信号类任务 ·· 61
  6.3.1 导航 ·· 61
  6.3.2 干扰 ·· 62
 6.4 通信任务 ·· 63
  6.4.1 广播 ·· 63
  6.4.2 管道 ·· 64
 6.5 武器任务 ·· 65
  6.5.1 面向任务的非网络威胁 ·· 65
  6.5.2 面向任务的网络威胁 ·· 65
 6.6 生命支持 ·· 66
  6.6.1 面向任务的非网络威胁 ·· 66
  6.6.2 面向任务的网络威胁 ·· 66
 6.7 其他任务威胁 ·· 67
  6.7.1 滥用监视器 ·· 67
  6.7.2 平台/载荷通信 ··· 67
 6.8 小结 ·· 67

第7章 系统运行前的威胁 ·· 68

 7.1 设计 ·· 69
  7.1.1 设计阶段的机密性 ·· 69
  7.1.2 设计阶段的完整性 ·· 70
  7.1.3 设计阶段的可用性 ·· 71
 7.2 开发 ·· 72

  7.2.1 开发阶段的机密性 ·················· 72

  7.2.2 开发阶段的完整性 ·················· 73

  7.2.3 开发阶段的可用性 ·················· 74

 7.3 供应链阻断 ························ 75

  7.3.1 供应链的机密性 ··················· 75

  7.3.2 供应链的完整性 ··················· 75

  7.3.3 供应链的可用性 ··················· 76

 7.4 测试验证 ·························· 77

  7.4.1 测试验证的机密性 ·················· 77

  7.4.2 测试验证的完整性 ·················· 78

  7.4.3 测试验证的可用性 ·················· 79

  7.4.4 测试验证的一般限制 ················· 80

 7.5 小结 ···························· 81

第8章 通信威胁 ···························· 82

 8.1 天地通信 ·························· 82

  8.1.1 天地通信的机密性 ·················· 83

  8.1.2 天地通信的完整性 ·················· 84

  8.1.3 天地通信的可用性 ·················· 84

 8.2 空间通信 ·························· 85

  8.2.1 空间通信的机密性 ·················· 85

  8.2.2 空间通信的完整性 ·················· 86

  8.2.3 空间通信的可用性 ·················· 87

 8.3 平台与载荷通信 ······················ 88

  8.3.1 平台与载荷通信的机密性 ··············· 89

  8.3.2 平台与载荷通信的完整性 ………………………………… 90

  8.3.3 平台与载荷通信的可用性 ………………………………… 90

 8.4 小结 ………………………………………………………………… 91

第9章 运营威胁 …………………………………………………………… 92

 9.1 在轨运行 …………………………………………………………… 92

  9.1.1 在轨运行的机密性 ………………………………………… 93

  9.1.2 在轨运行的完整性 ………………………………………… 94

  9.1.3 在轨运行的可用性 ………………………………………… 94

 9.2 数据分析和分发 …………………………………………………… 96

  9.2.1 数据分析和分发的机密性 ………………………………… 96

  9.2.2 数据分析和分发的完整性 ………………………………… 97

  9.2.3 数据分析和分发的可用性 ………………………………… 98

 9.3 数据用户 …………………………………………………………… 99

  9.3.1 数据用户与机密性 ………………………………………… 99

  9.3.2 数据用户与完整性 ………………………………………… 99

  9.3.3 数据用户与可用性 ………………………………………… 100

 9.4 小结 ………………………………………………………………… 101

第10章 攻击行动的微观分析 …………………………………………… 102

 10.1 攻击过程 ………………………………………………………… 103

  10.1.1 计划 ………………………………………………………… 103

  10.1.2 目标 ………………………………………………………… 103

  10.1.3 个人计算机 ………………………………………………… 104

  10.1.4 手机 ………………………………………………………… 105

XIII

10.1.5　实验室计算机 …………………………………… 106
10.1.6　地面站计算机 …………………………………… 107
10.1.7　载荷计算机 ……………………………………… 107
10.1.8　数据处理器 ……………………………………… 109
10.1.9　软件定义无线电 ………………………………… 110
10.2　小结 ………………………………………………………… 111

第 11 章　攻击行动的宏观分析 ……………………………… 112

11.1　最先遭到入侵的地面站 …………………………………… 112
11.1.1　遭到入侵的方式 …………………………………… 113
11.1.2　遭到入侵的原因 …………………………………… 113
11.2　载荷 1 计算机 ……………………………………………… 113
11.2.1　遭到入侵的方式 …………………………………… 114
11.2.2　遭到入侵的原因 …………………………………… 114
11.3　运控地面网络 ……………………………………………… 114
11.3.1　遭到入侵的方式 …………………………………… 115
11.3.2　遭到入侵的原因 …………………………………… 115
11.4　飞行控制计算机 …………………………………………… 115
11.4.1　遭到攻击的方式 …………………………………… 116
11.4.2　遭到攻击的原因 …………………………………… 116
11.5　测控地面网络 ……………………………………………… 116
11.5.1　遭到攻击的方式 …………………………………… 117
11.5.2　遭到攻击的原因 …………………………………… 117
11.6　载荷 2 计算机 ……………………………………………… 117
11.6.1　遭到攻击的方式 …………………………………… 118

  11.6.2 遭到攻击的原因 …………………………………… 118
11.7 星间组网 …………………………………………………… 118
  11.7.1 遭到攻击的方式 …………………………………… 119
  11.7.2 遭到攻击的原因 …………………………………… 119
11.8 小结 ………………………………………………………… 120

第12章 总结 ………………………………………………………… 121

12.1 代价问题 …………………………………………………… 121
12.2 网络战争问题 ……………………………………………… 123
12.3 测试问题 …………………………………………………… 124
12.4 适应性问题 ………………………………………………… 124
12.5 深度防御问题 ……………………………………………… 125
12.6 现代化问题 ………………………………………………… 125
12.7 故障分析问题 ……………………………………………… 126
12.8 小结 ………………………………………………………… 127

第1章
太空系统

在开始介绍太空系统的具体内容之前,首先要澄清一个事实,虽然本书作者是一名网络安全专家,但事实上,本书同样适用于从事航天器设计、航天器在轨飞行控制等工作的相关人员,以及其他感兴趣者。本书旨在使网络安全领域的科研人员了解到太空领域工程项目的复杂性,航天器在轨运行过程中存在的巨大困难和风险,以及太空安全面临的特有挑战。

为了使读者能够从安全角度认识到制定和实施保护太空系统的解决方案是一项艰巨且必要的任务,本书会对太空系统及其任务进行描述,列举相关实例,构设应用场景,但考虑到其他因素,简化了部分内容,所设场景也可能与实际情况有所出入。本书作者努力尝试表达一种观点,即创建和实施保护太空系统的解决方案是一项艰巨的任务。针对任何太空问题展开论述的程度和范围都仅是为了有助于理解该观点。关于太空系统设计和运行的文献资料有很多,作者鼓励读者深入钻研感兴趣的相关主题。本书的目的是解决网络安全领域在认识上存在的突出问题,即没有充分认识到太空中星载计算机数量的日益增长对网络安全的深刻影响,同时,也没有深入理解太空活动对网络安全的重要影响。

1.1 问题的提出

当前,学术机构、商业公司和政府部门发展太空事业和开展太空活动的境况十分不安全。人们通过实施航天发射活动将越来越多的计算平台送入地球轨道甚至更遥远的空间。然而,为了完成航天任务的预期目标,工程技术人员将主要精力集中在航天器的功能层面,很少考虑网络安全方面的问题,即便采取了安全措施也是出于降低故障率的目的,而非针对恶意网络攻击行为。这里存在一个潜在的假设条件,那就是,航天器的操控者及操控行为都是可信的。我们仿佛又回到了地面网络曾经出现过的盲目信任时期。毕竟,航天工程技术人员似乎没有理由破坏价值高昂的卫星。然而,为什么会有人这么做呢?

实际情况是,很多黑客分子、网络犯罪、一些国家的政府,以及从事商业间谍活动的竞争对手等都会对航天器实施恶意攻击行为。紧密相关、互联互通的使用需求和发展趋势加剧了这种局面的紧张程度。那么,为什么不考虑使用智能手机应用程序检查航天器的状态呢?除此之外,如何向同行学者展示太空项目计划,或者向潜在商业客户推销太空系统的应用服务呢?

不难想象,出于各种原因和考虑,很大一部分太空活动会通过互联网上的某个或某些系统完成。此外,近期的相关事件表明,恶意代码使得网络攻击的影响能够在不连接互联网,甚至不连接任何其他网络的条件下在设备之间传播和蔓延。

最糟糕的是,与太空系统可用于网络安全防护的稀缺资源相比,任何潜在攻击者所能动用的计算资源都是充分且巨大的。正如我们稍后将深入分析的那样,恶意攻击者一旦获得与太空系统通信的地面计算机的访问权限,即具有与太空系统之间几乎绝对信任的关系,太空系统也未及时采取进一步的深度防御措施。

1.2 太空系统概述

太空系统最基本的范例是,地面设备与太空设备相互收发信息。本书将地面上传输/接收无线电信号的设备称为"地面站",将太空中传输/接收信号的设备称为"航天器"。在多数情况下,航天器飞行轨道会穿越地面站所处位置的上空区域,但是航天器并不会始终处在地面站的上空。例如,斯普特尼克 1 号(Sputnik1)卫星是世界上最著名的太空系统之一,其并不具备轨道机动能力,它由运载火箭送入轨道后持续绕地球飞行。事实上,Sputnik 1 卫星并不能接收来自地面站的任何指令,仅具备对地广播无线电信号的功能。地球上的任何无线电天线只要调整到正确的频率和指向,即可接收到 Sputnik 1 卫星的下行信号。

Sputnik 1 卫星与当今一些极其复杂的太空系统相差极大。例如,国际空间站(International Space Station, ISS)经常性地利用推力器实施轨道机动控制,以规避与空间碎片的碰撞。就国际空间站而言,飞行控制任务既可以由国际空间站自身主动实施,也可以通过执行地面站遥控指令来完成。在地球轨道上分布着各种各样的航天器,不仅有报废过时的卫星,还有复杂的多功能卫星星座。一个航天器和一个地面站的简单的组成如图 1-1 所示。

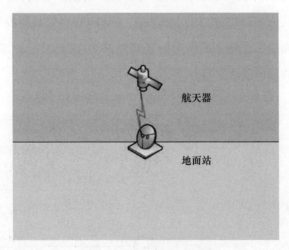

图 1-1 太空系统基本组成

1.2.1 地面站设计

地面站外形多样、尺寸各异,且复杂程度不同。以 Sputnik 1 卫星为例,任何家用收音机基本上都可作为一个地面站,在卫星过境时能够接收到"哔哔"的信号。Sputnik 1 卫星除了发出"哔哔"声外没有其他功能。地面上的无线电业余爱好者只需通过无线电地面站接收到卫星发出的信号,即可以被认为成功完成了航天任务。实际上,Sputnik 1 卫星不是严格意义上的与地面站通信,况且地面站也没有能力与其通信。Sputnik 1 卫星只是在简单地重复广播永不改变的无线电信号。

然而,对于如今复杂的太空系统,地面站功能和组成类似于图 1-2 所示。地面站的软件定义无线电(software defined radio,SDR)模块负责接收航天器下行信号,再解调转换为通信数据流。如果卫星对数据流进行了加密,地面站需要对其进行解密,并最终传送给飞行控制工作站。飞行控制工作站上运行的软件具备天地通信、航天器控制,以及在轨数据状态监视等功能。有效载荷控制是地面站的另一个功能,主要用于完成航天器有效载荷的操控任务,接收处理下行的有效载荷数据,相应的功能软件可以与飞行控制软件部署在同一台计算机上,当然,也可以开发一套软件来实现这两种功能。然而,在多数情况下,指令和数据处理(command and data handling,C&DH)、有效载荷控制是分离的,一种情况是作为同一工作站上的两个独立功能模块运行,另一种情况是分别部署在两套不同的物理设备上工作。

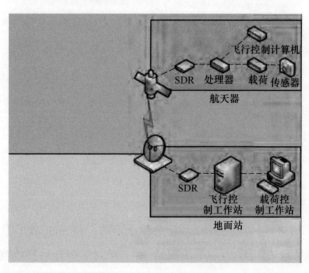

图 1-2　太空系统详细组成

本书不详细讨论地面站的另一部分,即天线。天线有碟形的或其他多种类型的,能够使 SDR 接收到空间信号或向航天器发射信号。从地面段的角度看,这个过程恰好相反。地面站使用 IP 协议封装上行通信数据流,根据需要对其进行加密,经调制后通过天线和 SDR 以无线电波的形式发送到航天器上。

1.2.2 航天器设计

航天器与地面站在复杂程度和功能性能等方面并行发展。Sputnik 1 卫星壳体外安装有天线,内部装有电池和无线电发射器。图 1-3 展示了一种更具代表性的先进航天器设计。与地面站相似,航天器上的 SDR 将无线电信号转换成通信流。后端的计算设备是指令和数据处理器,用于接收来自地面站的通信数据,并根据需要分发给飞行控制计算机和有效载荷计算机。

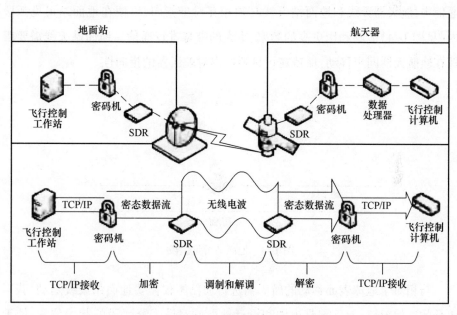

图 1-3 通信过程

航天器上的飞行控制计算机负责控制航天器在轨飞行的相关功能,具体内容将在下面的"航天器功能"一节中介绍。有效载荷控制计算机负责操控航天器的有效载荷。有效载荷是航天器执行目标任务的重要组成部分。图 1-2 所示为一部相机作为有效载荷的例子。有效载荷控制计算机负责控制相机拍照的时间以及存储照片和原始数据,以便后续传输到地面。

1.2.3 地面站功能

简单地说,地面站主要用于与航天器进行通信。根据不同的通信需求类型,地面站天线有定向天线、全向天线或可变方向天线。Sputnik 1 号卫星向各个方向发射无线电信号,因此,调谐到正确频率的家用无线电天线均可接收到该信号,且没有方向性要求。

现代卫星的无线电信号也是如此。接收地球同步轨道卫星信号的地面站不需要进行定向跟踪(稍后再详细介绍)。然而,对于图 1-2 中地面站的例子,利用定向天线与航天器通信时,必须使天线始终指向航天器,并且随着航天器轨道高度的降低,天线需要具备更敏捷的灵活性(更大的转动角速度)。在定向通信中,航天器天线和地面站天线必须相互对准指向,以便在地面站可见弧段内(见图 1-4)能够利用更高的频率、更大的带宽进行通信。地面站天线需要跟随在轨航天器同步移动,保持在可见弧段内对航天器的指向性。

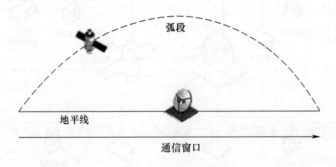

图 1-4 地面站可见弧段

与相对于地球表面移动的航天器进行通信不仅需要地面站天线随动,获得更长的通信窗口,而且需要规划和设计地面站对航天器弧段的起始位置,使天线能提前指向地平线上正确的位置,而不浪费宝贵的可见跟踪时间去旋转天线。当一个地面站与多颗卫星通信时,这种情况就会变得更加复杂,因为地面站需要处理和消除多个轨道之间的冲突,而不是简单地等待一颗卫星出现在地平线上。

地面站与航天器有多种通信方式,前文已经部分讨论过了。在新研发的复杂系统中,地面站需要接收和发射信号,并最终形成通信能力。根据航天器的配置和能力,地面站不仅应具有发射和接收信号的能力,而且要同时进行信号收发。在某些情况下,航天器与地面站之间的通信窗口可能非常短。天地双向通信使航天任务的实施效率更高,有助于航天器开展在轨空间任务并下传载荷数据,但这样也使航天器和地面站变得更为复杂。

地面站的另一个复杂功能是任务分配。地面站是控制人员与航天器之间的接口。地面站任务主要有两种类型:平台测控和载荷控制。仍然以搭载相机载荷的卫星为例,载荷任务分配非常简单。地面控制人员通过地面站向卫星上注载荷相机拍摄的时间和目标位置坐标。在卫星平台测控方面,地面控制人员需要操控卫星进行轨道机动,以获取对特定区域更好的拍摄条件。另外,在卫星载荷相机完成拍摄后,地面控制人员需要控制卫星下传图像数据或者删除在卫星存储空间内无法下传或无用的图像数据。

1.2.4 航天器功能

一般来说,航天器有几个必需的功能,其中一些与地面站的功能类似,例如必须保持通信能力,以便接收地面分配的任务。航天器还必须能够执行任务,与地面用户保持通信,保持正确姿态和轨道位置,并具备必要的定位功能。航天器必须同时满足这些约束限制,才能维持天地通信和在轨飞行,并有效地实施载荷任务。卫星载荷指的是特定于执行某任务的部件,如进行拍照或记录信号数据的部件等。卫星平台是指承载和控制卫星飞行所需的部件,是可以支持一种或几种载荷的组合体。图1-5显示了卫星平台和载荷之间关系的一个例子。

保持天地通信的方式与地面站的处理方式大致相同。航天器需要确保其与地面站通信的天线指向相应的地面站天线。值得注意的是,相控阵天线在地面站和航天器上使用得越来越普遍。航天器上安装的相控阵天线有一个大致的指向,通过采用波束控制技术,能够同时将数十个通信波束指向位于地球上不同地点的地面终端。在每个天地通信窗口中,航天器需要确保发送或接收必要的有效载荷和平台飞行数据,并开展相应的载荷任务。在某些情况下,航天器在一端安装有效载荷传感器,在另一端配有通信天线。这就意味着,在经过

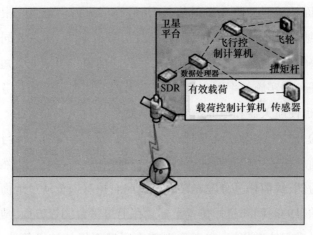

图 1-5 卫星平台和载荷

地面站时,卫星需要调整姿态,使天线指向地球;飞越相应区域后,卫星再调整姿态使相机载荷指向地球,继续在特定时间对相应区域进行拍摄。因此,航天器必须知道其在轨道上的时间和位置,以便能够准确地完成上述动作。如果航天器失去了时间或位置信息,基本就处于失效状态,将无法与地面通信或执行载荷任务。

在多数情况下,为了完成载荷任务,航天器必须准确掌握自身位置、时间,以及载荷指向,也就是姿态。此外,航天器在轨飞行完成任务必须具备保持姿态和位置的能力。最后,也是最重要的,航天器必须保持足够的能量才能继续完成任务。

航天器有多种方法维持器上时间。值得注意的是,航天器可能会有一段时间关闭航天器上所有的计算功能,通过太阳能帆板为蓄电池充电。这种情况以及其他情况可能会导致航天器上的计算机停止计时。时间对于通信、加密以及位置保持都很重要。当然,不只是计算设备可以计时,有时,即使计算设备关闭了电源,原子钟等设备也可以用来计时。

位置和姿态信息可以通过诸如恒星敏感器或太阳敏感器等传感器来确定。恒星敏感器是一种利用特定恒星位置和恒星亮度确定轨道位置和姿态的设备。太阳敏感器利用太阳视线方向及其强度来大致计算航天器确定姿态,是一种精确度相对较低的设备。

姿态和位置的保持方法有以下几种。在复杂和大型航天器上，可以使用推力器完成。推力器是主动执行机构，通过向某个方向施加推力来改变航天器轨道和姿态。另一种主动方式是利用飞轮完成姿态、轨道的修正或调整。飞轮利用存储的能量驱动轮子旋转，通过惯性改变航天器的运动。最后是扭矩杆，这是一种被动装置，储存有能量，通过增加或减少航天器对地球电磁场或重力的扭矩，缓慢改变航天器的位置或姿态。

航天器位置和姿态的保持对航天器在轨飞行十分重要，有助于航天器的轨道确定，避免潜在碰撞，以及实现与地面站通信等。另外，航天器位置和姿态的保持对于有效载荷执行任务也是极其重要的。如果载荷相机拍照时不能获得准确的姿态信息，将非常不利于相机成像。在针对热点地区的对地观测任务中，载荷相机视野内若出现恒星或月球影像将严重影响成像效果。成像、定位或信号查证等类型的载荷任务与对地通信任务相比，航天器需要更加精确地掌握其位置和姿态信息。

无论是天地通信、载荷任务、航天器在轨运行，还是姿态、位置的获取和保持，以及载荷控制等，都需要电力的支持。在许多航天器上，能源是最具约束性的。毕竟，在太空中，能量主要来自太阳能帆板和电池，没有地面常用的固定插座可以接入使用。这可能意味着，为保持航天器长期在轨运行，短期内可能需要牺牲有效载荷的任务窗口，以允许航天器太阳能帆板保持对日定向，持续向航天器提供能源。同样，如果为了规避与另一颗卫星碰撞，需要进行轨道机动，消耗大量电池电量，则有效载荷可能不得不在几天、几周或几月的时间内无法工作。这也意味着，当地面站与卫星不可见时，能源可能成为问题，航天器需要自主决策何时进入节能模式或充电模式，在电池重新完成充电前需要选择放弃与地面站通信，还是放弃载荷任务。

有效载荷执行简单拍照任务似乎不是很耗电，但通常航天器上的计算机处理单元(CPU)、图形处理单元(GPU)以及现场可编程门阵列(FPGA)等器件的计算处理过程非常耗电，甚至可以与通信任务一起成为顶级的能源消耗项。另外，为查证特定类型的信号，有效载荷可能需要较长的任务窗口，进行大量接收和写入有效载荷硬盘驱动器的操作。有效载荷也可以是发射信号类的有效载荷,而不是传感器型有效载荷。传感器有效载荷可以监听信号或监视捕捉图像,耗能相对少一些,而发射类有效载荷本身对外辐射信号,势必会消耗更多的能量。

1.3 太空系统架构

为完成各种各样的任务,太空系统采用了截然不同的架构来实现不同类型的功能。显然,图 1-3 表示的是地面站和航天器的基本关系,也是非常典型和简单的航天器—地面站结构,地面站在每个弧段内跟踪一个航天器。值得注意的是,尽管航天器始终在环绕地球的轨道上运行,但并不总在地面天线的可见范围内。

通常,在轨航天器只有部分时间处于地面站的可见弧段内,可以进行天地双向通信。这是因为航天器绕地球运行时,地球本身也在自转,且自转轴还在空间中变化。任何非地球静止轨道航天器的星下点会在地球表面形成往复移动的轨迹,如图 1-6 所示。

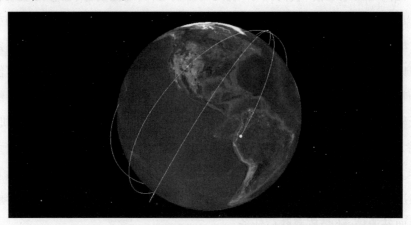

图 1-6 地球自转使航天器产生相对地球表面的轨迹变化

图 1-7 表示多个地面站与同一颗卫星通信的架构,其优势显而易见。在全球合理布设地面站,将显著增加航天器对地通信时长,有助于开展更多的任务,能够下传更多的任务数据。

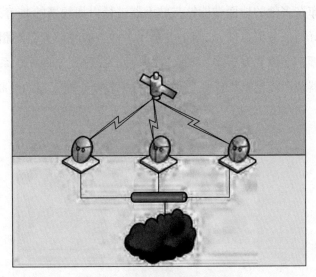

图1-7　1个航天器，多个地面站

一旦航天器上的数据可以下传到地面，居于某地的用户就可以依托诸如互联网之类的地面网络，利用图1-8中所示的三个地面站查询和检索航天器中的数据，或通过任一地面站上传遥控指令数据，而不限于反复多次使用同一个地面站接收和上传遥控指令数据。

图1-8　连续星下点轨迹

图1-8显示了不同位置的多个地面站如何使卫星实现连续三个圈次与地面通信的情况。地面站的位置用圆圈表示。

合理分布在多地的地面站能够与航天器进行更加频繁的通信，为更多的航天器提供更好的任务覆盖性，如图 1-9 所示。多个在轨航天器对相关区域执行载荷任务的频率显然要高很多，因此，即使地面站较少，这种太空系统架构也将使这些航天器载荷满足执行任务条件的总概率较单个航天器的更高。

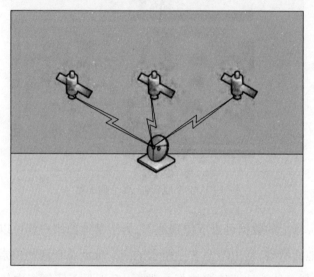

图 1-9　多个航天器，1 个地面站

图 1-10 所示是多个航天器和多个地面站组成的太空系统架构。该架构进

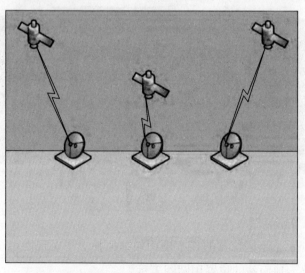

图 1-10　多个航天器和多个地面站

一步提高了太空系统架构整体任务能力,具有更有效的任务实施、数据下传和覆盖的能力。

1.4 小结

本章介绍了太空系统的基本概念以及地面站和航天器的基本构成。地面站和航天器是由多个系统组成的,同样,太空系统本身也是由多个系统组成的。太空系统有多种基本架构,相应的地面站—航天器工作机制影响着整个太空系统的运行。本章及后续章节探讨的太空系统的相关概念,将针对太空领域的约束限制和独特特点,为读者构建网络安全解决方案提供基础支撑和理论铺垫。

第 2 章
太空的挑战

太空是一个极其复杂且颇具挑战性的任务领域。这些挑战来自于航天器所处的空间环境,以及太空系统本身的运行和活动。太空系统所面临的挑战,既是太空任务需要缓解和消除的限制条件,也是需要解决和克服的障碍。在开始探讨网络领域针对太空系统的恶意意图和潜在对抗行动之前,我们必须理解太空系统必须克服的风险和困难。

包括自主操控和试验卫星在内的各类在轨航天器都有相应的使命。航天器需要进入太空,在预期计划的甚至更长的时间段内执行在轨任务,并将任务详细资料和数据下传给地面站。可以肯定地说,在 2019 年底写作此书时,尽管航天器上的计算资源日益充足,但太空系统开发和运行所面临的主要问题尚未包括除加密以外与网络相关的议题。

事实证明,由于太空领域的诸多挑战,圆满完成太空系统的任务是极其困难的。当航天器遭遇太阳耀斑等事件发生故障或运载火箭在发射台上爆炸时,花费时间和精力解决网络安全问题显然不是此刻的优先事项。在写作这本书并谈及此话题时,作者试图向网络安全界传达一个信息,即不久之后,太空领域将渗透融合到商业、学术和政府等诸多领域。随着各类组织在太空领域内运作得越来越好,效率也越来越高,如果我们还未做好准备,采取有助于开展太空活动、排除障碍的方式,来应对太空系统面临的网络安全威胁,那么我们将发现自身落后于形势的发展需要。

在提出或实施网络安全解决方案之前,我们需要明确这些解决方案在太空活动综合风险矩阵中的位置,只有这样,解决方案才能既减轻风险,又能以较顺畅的方式集成到太空系统中。我们应及早关注太空网络安全问题,不能被动地等待响应太空组织发起的需求,要努力避免可能造成的损失,例如某大学的卫星遭到网络攻击,在大气层中烧毁,使得多年来价值数百万美元的学术研究投入付诸东流。诚然,假如某项科研试验项目的巨大损失引起了我们对太空网络安全的重视,那么与政府或商业航天项目相比,这已经是最好的情况了。在了解入侵航天器的骇人手段之前,我们先介绍几乎所有类型的航天器都面临的太空挑战。

2.1 环境挑战

环境是在太空中运行的系统面临的固有挑战。在我们的太空系统中,在轨航天器必然会受到外太空环境的不利影响。虽然我们是要探究地球轨道系统有别于其他类型太空系统的独特方面,但是以下内容适用于大多数轨道类型和功能类型的航天器。下面所述的环境挑战并非是完整或全面的,但包括了那些通常影响程度较大,以及对器载计算机等电子部件有特定影响的相关因素。

2.1.1 辐射

与地球表面相比,无论是地球大气层内,还是大气层外,辐射都是需要格外关注和考虑的问题,也是一项重要的挑战。因为与网络安全专业人员并不十分相关,本书中不会特别介绍太空辐射的多样化种类和产生来源。航天器的电子系统在太空运行过程中受辐射影响程度较大。计算机以 0、1 数字化通信为基础,0、1 还代表了电子器件的开关状态。很容易看出,高剂量辐射会阻碍或破坏电子系统正常的开关状态。

航天器主要受到两种形式的辐射,其强度和影响各有不同。总电离剂量(total ionizing dose, TID)是指航天器吸收太阳及其他遥远恒星持续恒定辐射的累积量,是一种相对比较容易计算和推测的辐射类型。对于每日和早期在轨等短时段内,可以忽略该类辐射量对航天器的影响;然而,若长期暴露在该辐射下,电子器件的计算功能和准确性会下降。另一种类型的辐射来自太阳质子等重大空间环境事件,相对于在轨期间的总电离剂量,对航天器造成的威胁更为严重。此类事件可能是因恒星活动产生的,如太阳耀斑,甚至来自太阳系以外的伽马射线爆发,以及其他可能直接破坏航天器组件的空间环境现象。

在地球上,电子系统很大程度上受到地球大气和电磁场的保护,从而避免受到空间环境事件和太阳辐射的不良影响。在太空中,航天器通常采用屏蔽措施来降低辐射对在轨任务带来的不可接受的风险。在工程实践中,所采用的屏蔽措施会因航天器类型、任务目的,以及重要性的不同而有所区别。微小卫星在轨设计寿命可能只有一年,采用屏蔽措施所占用的重量和空间并不值得用于防护累积辐射。由于航天器在轨运行时间不足以使累积辐射成为一个突出问题,如果不简单地接受该风险,可能会浪费其他资源。在这种情况下,航天器设计者只能假设或希望空间辐射对未采取屏蔽措施的系统影响非常小,不至于造成致命的损坏。其他在轨运行时间较长的系统保护采取的保护措施会为部分或全部组件屏蔽辐射。载人航天系统也应采用屏蔽防护手段,为太空中的人类生命和健康提供保护,如商业载人太空飞行、政府空间计划和空间站等复杂系统。

2.1.2 温度

虽然发生影响航天器运行的无规律太空异常事件的概率很低,但极端的、剧烈波动的空间温度会对航天器电子设备产生影响。类似于辐射,温度的某些影响是可以预测的,比如暴露在太阳辐射中,随着时间的推移,热量在器载组件中累积,使得温度产生变化。解决温度问题的方法与辐射类似,航天器必须满足一定的标准才能在太空中正常运行,使用绝缘涂层和绝缘材料应对极端冷热且剧烈波动的空间温度环境,可以达到延长航天器寿命的目的。

在衡量航天器承受所处环境温度的极限方面,也有类似于减少辐射的权衡取舍问题。随着各种解决方案的应用,航天器组件的重量和体积都将变大,使得某些方案在延长航天器寿命方面没有足够的成本效益。许多项目和任务将致力于找到可接受的温度承受风险线,使航天器具备在此温度条件下工作的能力。通过不断的研究和积累,航天器设计者已经能够得到地球轨道范围内准确、可靠和规律的温度变化数据,用于支持极端温度风险的科学决策。但是,对于运行在非常规轨道上的航天器而言,其所处环境的温度数据及变化规律尚不完全为人所知,对温度极限风险处理的决策将变得更加困难,增加了在轨运行时所面临的困难和危险。

2.1.3 空间物体和碰撞

环绕地球的轨道上存在着大量太空垃圾。人类发射的卫星或者被送到距地球表面足够高度的任何物体,都将在太空中运行数年、几十年,甚至更长时间。此外,有几个特定的轨道高度和轨道面,特别适合多种类型的航天器执行任务。因此,地球周围空间中的某些位置变得十分拥挤。宇宙空间虽然非常辽阔,但并不意味着在宇宙空间内不会发生碰撞。随着人类进出太空的活动愈发频繁,进入太空的物体数量也在同步快速地增加,空间物体碰撞概率随之变大。

本质上,太空中有两类物体,即人类活动产生的和自然产生的物体。从近期太空活动来看,航天器空间碰撞威胁主要来自空间碎片、太空垃圾以及其他在轨航天器。与前述太空挑战一样,空间碰撞也涉及风险接受或风险规避问题。如果空间物体之间可能发生碰撞,航天器运营者要么接受风险,要么规避风险。管理者通过分析认为航天器实际接近空间物体并发生碰撞的概率极低,则不需要主动处置,可以接受该风险。

航天器运营者计算出的空间物体潜在碰撞距离能够达到 1 英里(1.61 千米)以内。这仍然是一个相当大的范围,在某些情况下,航天器会进行微小的轨道机动,以避免发生碰撞。在另一种情况下,航天器本身没有轨道机动或姿态控制能力,没有其他选择,只能静观事态发展。这就引出了一个有趣的问题。如果一个航天器不具备轨道机动能力,而且正在接近另一个具备轨道机动能力的航天器,那么,可机动航天器能否向非机动航天器提出推进剂损耗补偿或载荷任务受影响的赔偿要求呢?如果一个航天器不能机动,这似乎很荒谬,倘若两个航天器都具备轨道机动能力,但是一个决定接受碰撞风险,另一个决定规避碰撞风险呢?如果航天器是由不同国家或公司负责管理的呢?目前,还没有成熟完善的法律条文来规定,航天器管理者在这种情况下应该如何处置,责任和成本应该如何划分和计算？

从逻辑和决策的角度看，空间碰撞并不那么复杂，但困难的是航天器如何规避与空间自然物体的碰撞。想象这样一个场景：一颗彗星正在接近地球，在穿越航天器密集部署的近地轨道过程中留下一串冰晶和碎片，使得成百上千的航天器需要进行轨道机动规避碰撞。目前，人类仅能够对近地空间物体进行编目，但随着愈加频繁开展的深空、星际探索任务，人类有必要考虑航天器在地月、行星系等空间与自然空间目标碰撞的问题。

2.1.4 地球引力

所有类型的空间活动面临的首个挑战即是地球引力。航天器必须能够飞行到离地球表面足够高的距离，并以合适的方向和速度运行，才能避免落入大气中燃烧或撞击地球。早期的太空计划以及实现空间飞行并使航天器最终在轨运行的主要难点，就是摆脱地球引力。现在，在轨航天器更关注的是以恰当的速度和轨迹绕地球运行，避免撞向地球。

当前，我们处于现代的太空活动阶段，需要面对的是一种权衡，而不再是直接的挑战。如果航天器需要在近地轨道上完成任务，那么它的轨道高度越低，受大气阻力等的影响就越明显，它就越需要更多的能量或推进剂来维持轨道高度而不致落向地球，那么可接受的权衡点在哪里呢？另外，在较高的轨道上、稍微降低载荷工作要求，可以消耗较少的推进剂，使航天器具有较长的在轨寿命，这也许是可以接受的。

像空间环境温度问题一样，人类对地球周围的引力效应的理解和掌握非常成熟，已经有较为丰富的航天器发射和在轨运行经验来帮助解决地球引力问题。但对于地球引力以外的其他空间引力的了解还有欠缺。近月轨道、地外或星际空间相关的引力问题远比近地空间复杂得多。

2.2 运营挑战

运营挑战是指太空系统在空间中展开部署和运行控制过程中产生的挑战，而非太空环境本身导致的挑战。环境挑战是在太空中必须理解和克服的问题；运营挑战是为了完成既定任务，确保航天器在寿命期内正常飞行和工作所必须面对的问题。

2.2.1 射前测试

在发射前,航天器需要进行大量测试试验,以验证其在太空的生存和运行能力。许多测试是为了检验航天器能否有效地应对太空环境的挑战。最初,人们很难接受和认同发射前测试工作,认为发射前太空飞行测试验证对于在轨飞行并没有什么意义,但其实这非常重要。首先,卫星耗资巨大,即使微卫星、立方星等小型卫星的造价也是十分昂贵的。通常,一颗如面包大小的卫星也需几百万美元。卫星部件精密昂贵,适应性测试耗费巨大,运载发射同样花费颇多。

发射之前,卫星研制者需要确保卫星能够应对太空环境问题,并且在入轨后能正常工作。为达到此目标,有以下两个选项:一是构建一个与航天器技术状态一致的测试件,并对其进行环境适应性测试,以检验测试件是否符合预期设计目标,但这种方式成本费用较高;二是直接在航天器上开展环境测试,不需建造测试件。发射前的测试涵盖航天器在太空中面临的许多问题,如极端温度测试、温度波动性测试、真空抗辐射特性测试、发射振动适应性测试等。

为了完成这些测试,要么花费大量的金钱、时间和资源来再建一个测试件,要么冒着器件受损、错过发射计划窗口甚至项目取消的风险直接进行真器测试。事实上,具备航天器测试条件的试验场所造价不菲且数量稀少,因此,为确保太空系统项目圆满成功筹划支付测试费用也是非常重要的决定。

2.2.2 运载发射

无论是商业公司、学术组织还是政府机构,建设和运营太空系统,为将航天器送入太空,都必须制订运载火箭发射计划,确定运载火箭搭载发射优先顺序。太空项目为发射航天器选择运载火箭型号时,需要考虑多种因素。运载火箭发射时间窗口需要满足航天器研制和运行的时间计划。如果发射时间过早,航天器可能尚未完成研制,错过了发射时间;如果发射时间太晚了,航天器入轨并开始工作时可能已不能满足使用要求。

除了围绕发射活动的项目管理之外,还有其他对太空系统构成挑战的问题。在发射过程中,火箭振动可能会对航天器造成损坏,产生不良影响。各型火箭对航天器产生不同强度等级的振动。加固航天器是一种较为合适的选择，能够适应运载火箭的振动，并满足入轨精度的要求。另外，重量增加或外形变化等因素都有可能使发射成本急剧增长。航天器发射入轨的成本十分昂贵，如面包大小的航天器就需要几十万美元，而对于大型航天器，发射成本更会成倍增长，可用的运载火箭和发射窗口选择也会受到更大限制。

关于航天器发射挑战的结论是，即便在航天器的设计、研制和运行等其他方面都进行了较好的规划和实施，但在航天器入轨工作前，发射的相关限制和问题可能会完全打乱太空系统原有的计划与安排，而这个挑战完全不受太空系统运营管理人员的控制。即使发射前一切都按部就班地正常推进，运载火箭也可能在发射台或飞行过程中发生爆炸，还有可能偏离标称轨道，进入一个次优轨道上飞行，这将不能满足航天器对运行轨道的要求。

2.2.3 分离部署

即便运载火箭圆满地完成了飞行任务，准确进入航天器预定轨道，但航天器与运载火箭分离并顺利部署到太空仍面临挑战。许多工程研究专注于航天器与运载火箭的分离过程，但运载火箭的振动或其他问题仍可能导致分离过程不能按预期设计完成。这也是测试要尽可能全面和完善的另一个原因。

如果火箭振动、温度变化或真空环境对航天器某些自锁阀或紧固件产生负面影响，使航天器与运载火箭未能正常分离，那么航天器任务将彻底失败。无论是机械性的还是通过推力器实现的星箭分离机构，如果分离动作没有达到预期精度，那么航天器可能受到损坏或未进入目标轨道。另外，还有部分航天器与运载火箭分离后，须依靠自身能力进入目标轨道。

航天器与运载火箭分离后，航天器需要展开太阳能帆板或天线等。同样地，那些影响运载火箭飞行的环境因素和运营挑战也会损害航天器的重要部件，妨碍航天器执行入轨过程的关键动作，进而影响整个航天任务的进程。假设航天器有两副太阳能帆板，但仅有一副正常展开，那么只能获得设计指标一半的功率用于完成任务，这将严重影响整个太空系统在轨运行的能力和时长。

2.2.4 速率阻尼

航天器与运载火箭成功分离后，太阳能帆板或天线等机构的展开动作需要航天器具备稳定的飞行姿态。器箭分离动作或分离时刻运载火箭自身位置和姿态等异常,都有可能使航天器发生位置超差或姿态失控起旋,从而进入非预定轨道平面,不具备执行机构展开动作的必要姿态条件。稳定性要求和挑战出现在器箭分离之后,同时,在一定程度上,航天器在轨运行过程中位置和姿态的保持及调整也需要确保稳定。

在某些航天器及其特定任务中,姿态翻滚以及姿态位置精度偏差可能不是问题,只需要在一定程度上实现稳定控制,以适应航天器运行及执行任务的需求。无论实现何种程度的稳定,航天器都有必要利用器上能源、推进剂等资源以及时间,实现一定程度上的稳定。实现航天器姿态稳定可以通过采取短时、快速消耗资源的方式,也可采取长时、缓慢消耗资源的方式,这取决于航天器运营者的选择。运营者做出相应决策时需要考虑航天器寿命、燃料消耗、耗费时间等对任务的影响。但在某些情况下,运营者可能没有做出如此选择决策的机会和条件。假如航天器姿态或位置修正、速率阻尼的唯一可用驱动机构是扭矩杆和动量轮,那么整个稳定过程可能需要很长的时间甚至几个月,直到航天器的状态满足执行任务条件。如果受温度和辐射限制,航天器在轨运行时间只有一年,那么在稳定控制方面就浪费了大量的时间。这进一步增强了对充分测试、科学决策及稳定可靠的发射入轨过程的强烈需求。

2.2.5 能源平衡

能源是航天器运行和在轨寿命的重要制约因素。即使航天器在器箭分离后顺利进入稳定状态,且消初偏过程正常,未额外耗费电能或推进剂,航天器用于完成载荷任务、位置姿态保持和对地通信等工作的能量预算是确定的。为规避碰撞而实施的非计划轨道机动也会影响航天器能源供需平衡。姿态稳定和轨道机动会消耗航天器蓄电池大部分的初始电能,以致后续1~2圈次需要先给蓄电池充电,无法开展其他工作,甚至不能对地通信。

在轨正常状态下,航天器通过太阳能帆板或其他方式产生电力,为平台和载荷等耗能部件提供能量,并为蓄电池充电。航天器自身管理的重心是维持在轨正常状态,如果轨道机动、姿态稳定,甚至载荷任务等活动能量消耗危及航天器在轨安全,航天器必须优先增加能源供给,确保能源分配平衡。简而言之,航天器太阳能帆板供电能力和蓄电池储能能力是有限且确定的。航天器能够在轨利用有效载荷拍照,并不意味着其在能源分配供给能力范围内保持着最佳的可操作性。能源因素影响航天器整个在轨寿命以及载荷工作时段。即使牺牲有效载荷操控和其他任务实施,航天器也必须保持在轨期间的能源供需平衡。

2.2.6 信号互扰

航天器一旦进入恰当的太空轨道位置,有效载荷开始执行监听信号的任务,但却无法将航天器因通信和日常运行而从自身辐射出来的信号与被监听信号区分开,这将非常尴尬。更糟糕的是,有效载荷发射机发出的信号可能会影响航天器与地面站的通信能力。

航天器信号互干扰的挑战是复杂的,但可以对其进行测试分析和设计规划。由于地球上存在各种无线电广播、移动通信、GPS 和其他信号,与前面讨论过的测试相比,信号互干扰测试的困难在于在地球上构建一个纯净无干扰的电磁测试环境。为测试航天器的某个部件对外发射的信号是否会影响其他器载部件的功能,测试工作必须在一个纯净的电磁试验环境中进行。这类被称为微波暗室的测试场所并不常见,使用费用较高,因此,该项测试相对来说较难实施。根据太空系统设计的有效载荷任务和总线通信方式,除了花费较小成本进行发射机和传感器自兼容测试外,可能还是需要在暗室中开展相关测试,以解决信号互干扰这一无法回避的问题和风险。

2.2.7 通信频率

除了航天器的信号互干扰,还存在信号污染的问题。信号污染在太空中的表现并不十分明显,但会对地面站造成比较严重的影响,因为天地通信链路信号需要穿越地球上所有的信号噪声才能到达接收端。航天器与地面站间的无线电通信载波频率选择是一项重要的设计决策。频率将影响天线的类型、信号方向性以及信号频率的可靠性、可用带宽。

天地通信信号类型的选择不仅涉及频率的技术性挑战,还必须符合可用性和合法性。与诸如空间碰撞机动规避等空间操控情况不同,频率使用是太空系统功能性的一个强制事项。事实上,太空系统必须申请和登记所使用的频率,且不得与已使用登记的、预留的特定紧急用途和军事用途的频率产生冲突。与发射窗口类似,这是一个第三方控制约束,由专业组织来决定该频率能否使用。这意味着,设计者在设计和研制之前,必须尽早确定使用频率,成功完成申请注册工作。如果航天器和地面站之间通信使用的是经注册的频率,则干扰噪声相对较少。若航天器和地面站之间通信频率与手机信号频率相同,那么信号噪声水平将极强,使得天地通信链路无法正常建立。

2.2.8 末期离轨

随着人类太空活动的活跃和扩展,太空垃圾和碎片数量呈指数级增长,所引发的问题愈发突出。为解决该问题,根据运行轨道高度的不同,太空组织对航天器提出了相应的末期离轨要求。无论是采取轨道配置、位置调整还是预留推进剂等手段,运营者必须能够证明,在完成载荷任务后,航天器在预定时间段内将再入地球大气层烧毁。这样做是为了净化常用的地球轨道位置和轨道面空间。

虽然太空组织并没有对每个航天器都提出离轨要求,但是,作者认为离轨要求将受到越来越多太空组织的重视和推动,以减缓空间垃圾问题。因此,离轨成为太空系统运行的一项新增挑战,航天器必须携带用于离轨的推进剂,并在载荷任务完成后依然具备足够的能源供给和姿态控制等能力,确保在载荷任务完成后能够进入离轨轨道。这将增加航天器的重量和组成部件等,给本就已经很复杂的在轨运行任务添加了更多的约束条件。

2.3 小结

在本章中,我们讨论了在太空系统运行中普遍存在的一系列挑战问题,主要集中在航天器在太空中所面临的挑战。除了了解网络安全需要应对的挑战和采取的措施之外,我们还需注意任何安全解决方案不应增加本章所述挑战给太空系统带来的风险。此外,了解太空领域在网络安全选项方面可能做出的风险决策同样重要,因为必须统一风险接受和规避策略,不仅要考虑网络安全威胁,还要考虑太空系统运行过程已经面临的风险。

第 3 章
近地轨道

  由于种种原因,本书将重点讨论近地轨道或称低轨(low earth orbit, LEO)太空系统,适当兼顾其他类型的太空系统。重要的是,随着航天技术的发展,众多国家和组织参与到太空活动当中,航天任务变得更加多样、普遍且可行,而多数任务始于近地轨道。相较而言,众多潜在太空系统运营者将航天器送入近地轨道,并在此区域开展载荷任务最为容易和可行。因此,近地轨道将最先出现大量空间计算设备,也必然产生实施特定网络安全防护的需求。

  各个组织对近地轨道的定义略有不同。从一般意义上说,航天器轨道高度不超过 2000 千米,或距离地球表面约 1200 英里(1931.21 千米),即认为其运行在近地轨道。低轨航天器需在轨道上持续飞行,而不是快速地再进入大气层。航天专业人士可能会对此提出些许修正或意见,但为了便于理解低轨航天器的特点,暂且以此为前提展开讨论。

  此外,本章所述的低轨航天器主要指小型卫星,也被称为立方体卫星或小卫星。之所以如此,是因为大多数的低轨航天器是小型卫星,而且立方体卫星已经被证明适于标准化,是当前航天领域迅速发展的前沿方向。小型卫星或立方体卫星常用一个单位或一个"U"来描述其尺寸,例如 2U、6U 等。1U 是 10 厘米×10 厘米×10 厘米的立方体。一块 2U 立方体卫星与一块烤面包的大小非常相似。在本书的其余部分,航天器有时被称为小卫星。

虽然本书重点关注低轨小卫星,但并不是说低轨不存在其他类型航天器。另外,低轨小卫星已经形成广泛使用的和相对标准的外形要素,同时,受普遍性太空挑战因素的影响相同,并基于共同原因产生了特有的属性和特点。

3.1 近地轨道、小卫星及一般太空挑战

正如所期望的那样,极小的外形尺寸、运行在低轨等,会对前述太空系统运行面临的一般性挑战产生积极和消极的影响。低轨空间以及在其中运行的小卫星会对不同的太空任务产生有利条件和不利条件。与其他类型的轨道和航天器一样,某些任务只能由部署在特定轨道的航天器完成。这类轨道航天器具有较为独特的性质,既能适应一般性太空挑战,也能满足特定轨道和任务目的的要求。

3.1.1 环境挑战

由于运行轨道高度较低,相对于高轨航天器,低轨航天器很大程度上受地球大气影响。此外,距离地球表面较近的大气环境将改变其他太空环境因素对航天器的影响。

3.1.1.1 辐射

相比于远离地球大气层和地磁场的轨道空间,低轨航天器受太空辐射影响较小,在寿命期内吸收的辐射量相对更少。任何单一的太空环境辐射事件,如太阳耀斑等,至少需要穿越地球大气层和电磁场屏障,这在一定程度上缓解了对低轨航天器的不良影响。

所有这一切归结起来就是,针对有害辐射冲击和累积等问题的抗辐射措施,应考虑到任何尺寸的低轨航天器在全寿命期内受照辐射量均相对较低的客观实际。在做出近地轨道区域的风险接受决策时,更倾向于增加辐射屏蔽措施,而不是在部件深度抗辐射方面进一步加大投入。但是,尺寸小、承重轻的低轨航天器又不适合额外增加更多的辐射屏蔽器件。当然,情况也并不总是如此,对于一些搭载特殊载荷或在轨寿命较长的航天器,仍然需要采取抗辐射损害的防护措施。

3.1.1.2 温度

与空间辐射不同,由于地球大气层密度的潜在变化,接近地球轨道运行的航天器温度存在不规则波动的现象。当航天器运行轨道距离地球表面更高时,更容易通过真空环境中的轨道位置来预测温度波动情况。因此,低轨航天器设备在温度方面的风险准备和决策并不是那么容易的做出。

3.1.1.3 空间物体

对于低轨航天器来说,空间辐射和温度的一般挑战并不是那么难以应对的问题。空间物体,特别是人造物体的挑战,对在轨航天器造成的影响更为严重。由于近地轨道是多数太空任务的首选空间,且经济上更为可行,因此近地轨道空间物体非常密集,碰撞规避问题也更为突出。尽管低轨航天器更可能落入大气层烧毁,但近地轨道存在着大量空间碎片、垃圾以及失效的、在用的航天器等,使得空间物体碰撞规避问题成为航天器管理的一个经常性事项。

多数低轨航天器是外形尺寸较小的卫星,这使问题变得更为复杂。许多小卫星并没有安装推进系统,即使有也是少量的小推力器。这意味着,低轨航天器轨道机动速度较慢,甚至没有机动能力。由于这种限制,航天器运营者需要精心策划和实施碰撞规避策略,并且持续时间可能较长。这个过程将影响载荷工作时段,进而缩短航天器有效在轨工作时长。由于通过这些机制实现碰撞规避耗时较长,因此,当发现碰撞风险时低轨航天器可能已经来不及实施安全的碰撞规避的行动了。

3.1.1.4 地球引力

对于低轨航天器而言,地球引力具有两面性。一方面,进入近地轨道和部署航天器所需推力要比深空飞行的需求小得多,相应地,安排和购买运载火箭更容易。进入近地轨道的运载火箭技术门槛相对较低,即会有较多型号的运载火箭能够满足航天器入轨要求。此外,由于有更多的可选运载火箭和较少的燃料需求,通常发射成本较低。因此,外形尺寸较小的卫星更加容易进入近地轨道空间,因为将一块面包送入太空要比将一辆汽车送入太空便宜得多。

另外,运行在近地轨道的航天器并没有完全脱离地球引力,仍然受到地球引力影响。这意味着,航天器以正确的速度和弹道进入空间轨道是非常困难的,如果偏差过大,航天器不具备足够的时间和能力进行修正,将难以保持在稳定的轨道上飞行。设想一个只有扭矩杆和飞轮的小卫星,没有进入预定轨道运行,将在6个月内再入地球大气层烧毁。该航天器很可能不具备进入更持久稳定轨道运行所需的姿态和轨道控制能力。

即使低轨航天器成功进入轨道,由于地球引力和大气阻力的影响,轨道高度的自然衰减较快,在不进行轨道维持的情况下,其在轨运行寿命期比运行在更高轨道的航天器的寿命期短得多。地球引力是低轨航天器的重要制约因素,需要对以投入成本和运行寿命等为中心的相关问题进行很好的权衡。

3.1.2 运营挑战

低轨航天器面临的一般性环境挑战主要是受距离地球较近的因素影响。小卫星面临的运营挑战在一定程度上也受到地球引力影响,同时还受到其尺寸参数和在轨寿命的影响。

3.1.2.1 射前测试

对于所有类型的航天器而言,测试是一个相当标准化的概念。为防止时间、精力和金钱的浪费,开展辐射、温度和振动等测试是必要的,避免由于运载火箭发射过程中出现故障而使卫星未能进入预定轨道。对于典型的近地轨道小卫星而言,较小的尺寸带来了一个优势,那就是更易于找到合适的测试场所。但是,适用于不规则形状或大型航天器使用的微波暗室设施以及开展空间环境适应性测试的大型设备相对较少。

3.1.2.2 运载发射

前文介绍了近地轨道小卫星在外形参数和重力逃逸等方面带来的一些好处。小卫星的一个令人瞩目之处是,外形尺寸足够小,可以通过国际空间站货物气闸舱释放而进入太空,完成在轨部署工作。能够作为国际空间站补给任务的搭载航天器是小卫星的一大优势。

3.1.2.3 器箭分离

一般来说,随着单U和多U航天器标准化程度的提高,基本无须对用于发射近地轨道小卫星的运载火箭进行适用性定制化改造。此外,小卫星更易于成组部署。有些任务需要一个环绕地球运行的卫星星座来完成。通过一箭一星方式部署小卫星星座会增加系统复杂性和实施成本。然而,小卫星体积小、质量轻,更适宜通过一箭多星发射方式在同一轨道面上部署多颗星座卫星。当然,任何星座中的卫星在入轨后都需要进行轨道机动,以到达星座轨道的正确位置。得益于近地轨道卫星尺寸小的特点,卫星星座更适合于一箭多星的发射方式。

3.1.2.4 姿态稳定

正如"3.1.1.3 空间物体"节中提到的那样,近地轨道小卫星的稳定运行可能比其他轨道的大航天器更具挑战。受近地轨道小卫星资源规模限制,若航天器入轨后发生非预期翻滚,势必影响载荷任务的实施,而且修正控制也可能是极困难或不可行的。即使存在转入正常在轨状态的可能性,稳定也是一个非常大的问题,可能会占用航天器很大一部分在轨预期寿命。此外,还有一个问题是,近地轨道十分接近地球,如果小卫星严重偏离设计轨道,或不一定有足够的时间实施轨道修正控制。

3.1.2.5 能源平衡

航天器的能源是第一优先事项,用于为航天器飞行和有效载荷工作提供电力支持。小卫星整体体积小、质量小,相应地,安装配备的电池容量小,太阳能帆板供电能力也十分有限。航天器产生和存储能量的能力成为其在轨运行最大的限制条件。近地轨道小卫星必须基于较小的电力供应预算条件完成载荷任务。对于任何需要航天器耗费资源才得以修正的状态或问题,能源势必成为能否实现修正操作的限制条件。例如,受能源限制,小卫星可能无法实现超预期的姿态稳定消初偏动作。"小"还会导致能源供应的其他问题,任何太阳能帆板本身及其展开过程的问题都将可能严重削弱整个航天器执行任务的能力。

小卫星蓄电池储能容量十分有限,需要较频繁地进入对日定向飞行模式,使太阳能帆板正对着太阳受照从而为蓄电池充电。若航天器在轨过程必须长时间以这种飞行模式运行,有效载荷工作效率将非常低下。航天器与地面站通信的过程也需要电力支持,若航天器长期处于节能和充电模式,则无法从地面站接收使其运行更有效率的轨道修正、姿态位置保持等指令。如果地面需要将航天器上高耗能部件的工作模式切换为低功耗模式,然而,此时天地通信链路却因供电原因而不可用或不可靠,地面无法成功上注控制指令,这将形成一个死循环,导致航天器最终耗尽能源或进入安全运行模式。

3.2 近地轨道和小卫星的独特方面

前面介绍了近地轨道小卫星的轨道特性和外形尺寸等因素在应对空间运行挑战方面所发挥的优势作用和面临的不利影响。接下来,将具体探讨与其他类型的航天器和轨道相比,近地轨道以及小卫星所具有的独特属性。

3.2.1 通信

我们还没有详细介绍的一个方面是,近地轨道对天地通信窗口的影响。近地航天器轨道高度较低,必须保持较高的飞行速度才能不至于坠入地球。这表明小卫星绕地球飞行一圈的时间较短。近地航天器绕地球运行的周期取决于其运行的轨道高度,通常以每90分钟绕地球飞行一圈为例。如果航天器在90分钟内环绕地球运行一圈,那么某一个地面站对航天器的可见弧段时间非常短,一般为十几分钟。

地面站跟踪弧段的实际时长还取决于航天器相对地面站的位置,是位于地面站上方时才能通信,还是在地面站的地平线附近即可通信。一般地,跟踪弧段时长小于等于可见弧段时长。同样需要理解的是,由于地球自转以及近地轨道高度较低,对于某个地面站而言,地球周围的许多轨道根本就不在其可见视野内。尽管近地航天器每天环绕地球运行18圈,但可能只有其中一个圈次的弧段能够与某地面站通信。

近地轨道高度较低还会带来一个优势:天地通信距离相对较近,在航天器通信天线的发射增益不高、能源需求较低的情况下,地面站天线即可接收到下行信号。虽然这是有益的,但小卫星的小外形因素导致其天线口径必然较小,信号发射功率也较低;加之,天地通信窗口只有几分钟,这两方面因素限制了天地信息交互数据量。这对于航天器的飞行平台部分并不是问题,但是对其有效载荷及其任务的影响较大。

仍然以对地成像类小卫星为例,假设航天器已经拍摄了10张照片,但暂时无法与地面站通信。若地面操作人员正试图提高卫星拍摄图片的分辨率,而高分辨率图像数据量将变得很大,以至于无法在一个弧段内完成图像数据的下传工作。在这种情况下,地面人员需要对数据下传过程进行预先设计,将地面站多个弧段接收的数据重新拼接起来最终形成一幅完整的图像。

如果我们必须在一个跟踪弧段内获取航天器上下传的整个图片,而地面站又无法提供长弧段的连续跟踪支持,那么地面将无法获取航天器上完整图像。在这一点上,暂且假设航天器具备硬盘管理功能,当无法下传图像、有效载荷硬盘存满图像数据时,相关的处理协议能够发挥作用。航天器飞行平台和有效载荷应当能够满足不同飞行工况和任务的要求,并具备任务重新规划和实施能力,这将有效解决天地通信时长短、下传数据带宽有限等问题。

航天器载荷工作、平台管理以及数据下传等任务规划,必须以确保在对地短弧段通信情况下仍能正常实施和设置的方式进行。这还没有涉及网络安全问题,比如对航天器上的软件进行必要的更新。例如,为修补航天器上软件的某个关键漏洞,可能需要 20 个天地通信弧段上传软件补丁,并需要重启航天器。如此重大的操作行为必须综合权衡多方面因素才能决策和实施。轨道越低的航天器对地面站的可见弧段就越短,在地面站天线视场内的时间就越少,如图 3-1 所示。

图 3-1 不同轨道高度对应的地面站可见弧段

3.2.2 地面覆盖区

对地通信问题很大程度上源于地面站对近地轨道卫星的可见性,而有效载荷任务及数据下传问题还与卫星对地球的可视范围有关。假设某卫星有效载荷是相机,任务是拍摄地球上相关地点的照片,载荷可用的工作窗口取决于航天器能看到地球的范围。若卫星轨道高度很低,即使通过旋转转动等方式来调整相机对准目标,可用的窗口也将非常少,因为目标可能根本就不在航天器的视场范围内。

当天地通信问题因航天器速度和地平线等原因变得更加复杂时,相机等载荷的任务窗口也会受到相应的影响。实际上,近地轨道小卫星经过若干圈才能飞临目标区域,此时相机载荷才能对地成像。具体的可用圈次还需要考虑任务数据的下传条件,圈次间隔可能是几圈甚至更多圈。由于每天对地通信弧段和任务窗口时间不同,地面需要开展大量的任务规划和协调工作。

太空系统载荷任务的一般工作流程是:地面创建任务──→向航天器上注任务指令──→载荷实施任务──→卫星将任务数据下传地面站。假如每个环节间隔10个圈次,从向航天器发送任务指令到拍摄完成和下传图像数据之间将存在巨大的时间延迟。

3.2.3 持续性

太空系统运营涉及持续性的问题。真正的持续性是指航天器始终处于工作状态,具备完成任务的能力和条件,但这对于低轨航天器而言在很大程度上是不现实的,这需要数量庞大的地面站和航天器。严格的持续性并不是一个可行的选择,但是明确实现何种程度的持续性才能满足航天器任务需求,这将推动太空系统的开发和设计工作。相比每30分钟对地球特定目标实施1次拍摄任务,实现每天拍摄1次,对地面站和航天器数量的需求要少得多。任务目标是持续性需求的另一个因素。能够对地球上同一点进行拍摄是一回事;能够拍摄地球上某区域内任何地方的照片则是另一回事,这将更加困难。

3.2.3.1 任务持续性

继续以相机载荷为例,任务持续性是指能够持续对地拍摄照片。任务规划需要确定对地拍摄的频次和区域面积,得出对航天器数量及轨道类型的必要需求的决策。

3.2.3.2 通信

通信持续性是指地面站始终能够与卫星进行数据交互。在当前示例中,对于单独工作的航天器而言,持续性通信没有太大意义。下一节将引入航天器组网的概念。网络化的太空系统适用于较强的任务持续性要求、较为严格约束的天地通信时间需求的应用场景,以便及时执行任务并下传任务数据,最大程度地发挥网络化太空系统的作用和优势。

3.2.4 近地轨道组网太空系统

不言自明,为实现任务目标,获得高质量的持续性能力,网络化的太空系统不仅需要配置多颗在轨航天器和多个地面站,航天器之间、航天器与地面站之间还需要具备相互通信的能力。足够数量的航天器和地面站连接在一起协同工作,在太空系统执行任务时,只要有一颗航天器飞临地面站上空,即可很容易地使网络内的任意一颗航天器进行对地成像工作。在有足够多的航天器环绕地球飞行的情况下,组网太空系统能够通过卫星网络将任务指令传递给具备执行载荷任务的某一颗卫星。

建设组网卫星系统面临着许多需要解决的技术问题。例如,卫星之间如何通信呢?如何进行卫星网络路由规划呢?这里并不关注解决上述问题的途径和方式,但问题本身却对组网太空系统的运行提出了巨大的挑战。卫星和地面站越多,执行任务的能力及持续性就越好,但是太空系统建设成本也将变得更高,甚至可能丧失在近地轨道部署小卫星太空系统的全部成本效益。在下一章介绍其他类型航天器时,我们还会深入研究这些问题。

3.2.5 组网太空系统的挑战

组网卫星需要解决的问题并不是充分实现持续性,或是将这些卫星送入太空,真正面临的挑战是研究组网卫星的工作原理和机制,以及复杂的载荷工作和飞行任务实施过程。下面,以一个相对简单的虚构例子来说明问题。假如太空系统包括 50 颗卫星和 5 个地面站,任务是至少每 30 分钟对地球某地实施 1 次拍摄,地面每 15 分钟至少能够与其中 1 颗卫星通信 1 次。可以看出,该系统具有非常强大的任务持续性。

挑战的出现源于多个不同优先级的用户存在。在同一时段内,用户们会向该太空系统提出对关注区域进行拍照成像的需求。任务信息和指令是如何在网络中路由传递并按优先级处理的,这在逻辑上本身就是一个巨大的难题。设想在任何给定的时刻,某些航天器可能正在使用太阳能帆板给蓄电池充电,不具备进行拍摄的条件。可能还有一种情况,某个航天器轨道位置较好,有利于拍摄高质量照片,所以承担了大部分的成像任务计划。此时,地面操作人员为了平衡任务负载或更快地完成成像任务,转而选择另外一个航天器实施拍摄任务,但成像角度和图像分辨率并不是最佳的。将对地观测任务分配给成像条件稍差的卫星执行,在这种情况下的任务优先级该如何划分?这些重要问题是任何组网卫星系统都需要克服和解决的。

组网太空系统使网络安全风险决策变得更加困难。首先,必须以适当的方式解决相应的问题。其次,必须掌握组网卫星对网络安全的影响,如地面需要为组网太空系统中的每颗卫星上注一个大数据量的软件补丁包,卫星在安装补丁包后进行系统重启,从而消除了某个网络安全隐患。针对组网卫星系统任务处理和飞行控制的复杂性,顺利更新软件补丁的前提是清晰地了解软件补丁在组网卫星内的路由过程和状态。

地面操作人员更新软件补丁前需要先掌握航天器安装补丁和重启系统所需的时间,并尽量在载荷任务区域之外实施,避免影响载荷任务的实施。为了正确地做出风险决策,接受网络安全风险还是通过更新补丁的方法消除风险,需要通过计算获得更新补丁过程对组网卫星任务窗口的影响程度的信息。组网卫星系统风险决策成本和收益的计算是一项相当艰巨的任务,但是考虑到近地轨道太空系统的快速发展趋势和极大的复杂性,这项工作又是非常必要的。

3.2.6 区域性电磁异常现象

建设一个达到预期目标的近地轨道太空系统需要满足多方面的约束条件。这里最后介绍一个低轨航天器需要关注的挑战。南大西洋异常区是一块覆盖南美洲和大西洋大部分地区的电磁异常区域。经过该区域的低轨航天器极易受到电磁干扰,使得器上的电子部件失效或降级。目前,电磁异常的原因还没有科学说法,但是电磁异常区域确实存在,并对穿越电磁异常区域飞行的航天器造成了影响。近地轨道太空系统正常在轨运行必须克服电磁异常区域的不良影响。电磁异常区域的大致位置如图 3-2 所示。

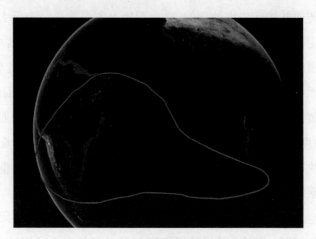

图 3-2 南大西洋电磁异常区域的轮廓

3.3 小结

本章详细讨论了近地轨道小卫星在轨运行的特点和面临的挑战。近地轨道和小外形尺寸等因素都各有相应的优点和缺点，一方面增加了航天器丰富的功能，另一方面也在一定程度上限制了航天器的运行与使用，必须从设计和实施层面克服大量困难，应对众多挑战。目前，近地轨道是航天器分布最广泛、进入门槛较低的轨道空间。了解近地轨道小卫星面临的挑战，并有针对性地实现网络安全目标，将是一项十分艰巨且又非常必要的任务。满足近地轨道太空系统网络安全需求是最为紧迫的事项，同时，许多方面的相关成果和经验也必将转化应用于不断发展的太空领域及其他类型的太空系统中。

第 4 章
其他类型航天器

如第 3 章所述,低轨航天器更能说明太空系统发展和部署的快速增长趋势,其相对简单的特点也更利于比较和构建一般的太空系统网络。然而,在地球轨道及地外空间还有许多其他类型的航天器。这些太空系统包括运行在各种轨道、复杂星座和其他的特殊航天器。本章并不会囊括所有系列的航天器,而是会详细介绍类型完全不同的太空系统,以说明在太空系统领域实施网络安全防护方案面临的典型挑战和独特问题。

4.1 中地球轨道

中地球轨道(medium earth orbit,MEO)也称中轨,是位于近地轨道和高轨地球静止轨道之间的轨道空间。与低轨航天器通常约 90 分钟的轨道周期相比,中轨航天器的轨道周期基本上可以达到将近 24 小时。然而,大多数中轨航天器绕地球运行周期约 10~15 小时。大多数导航定位卫星运行在中地球轨道,包括北美的 GPS,以及其他国家和地区的导航系统。和低轨航天器相比,中轨航天器轨道高度更高,对地可视范围也更为广阔。三种典型轨道对地可视范围如图 4-1 所示。

导航卫星基于三角测量原理实现定位功能。地面用户设备想要获得定位

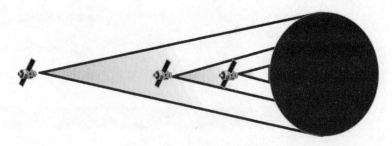

图 4-1　典型轨道视场区别

信息,可视范围内至少要有 3 颗 GPS 卫星。从导航卫星在轨道上绕地球运行开始,在给定区域上空需持续保持有 3 颗以上的卫星才能不间断地提供导航定位功能,而三角测量原理和定位服务并没有对具体可见卫星数量的上限提出强约束。三角测量原理如图 4-2 所示,地面车辆的可视范围内有 3 颗 GPS 卫星,即能够通过导航卫星的三角定位方法确定地面车辆自身位置坐标。

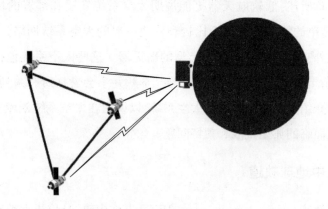

图 4-2　GPS 三角测量示意图

4.2　地球静止轨道

地球静止轨道(geostationary orbit,GEO)的轨道周期约为 24 小时,与地球自转周期基本相当。位于赤道面内的地球静止轨道航天器在任何时间都始终处于地球同一地点的上空,并且在任何给定的时间内都能看到地球的同一面。地球静止轨道是气象监测、核爆监测等任务的理想轨道。地球静止轨道航天器能够不间断地对地观测,如图4-3所示。为具备任务持续性能力,航天器研制方需要权衡航天器的大小,考虑进入地球同步轨道高度所需的资源以及轨道维持等问题。

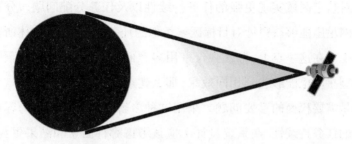

图4-3　GEO卫星视场

相对地球静止的航天器也存在不足之处。假设某地球静止卫星正在实施颇具威胁性的任务,敌人发现后能够相对容易地对该同步卫星实施干扰、拒止或主动规避探测,因为敌人并不需要复杂的轨道动力学计算就可以掌握卫星点位及其观测范围。其劣势不足还表现在其他方面,例如,低轨航天器载荷相机视场较大,价格便宜,然而,地球同步轨道航天器的载荷相机更大、更昂贵,但成像视野却更窄。虽然卫星本身的几何可见视场几乎可以覆盖地球的一半,但载荷相机需要在相当远的拍摄距离上调整焦点、变换焦距,拍摄视场将明显变窄。从图4-4可以看出,即使地球静止轨道卫星的几何可见视场能覆盖当面的整个地球表面,但在某一时刻对某区域进行拍照的成像视场仅能局限在几何可见范围内很小的一部分。

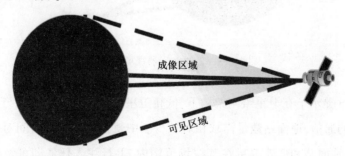

图4-4　成像区域和可见区域

4.3 多轨道星座

第3章"近地轨道"已经讨论了近地轨道卫星组网系统,以及如何利用低轨组网卫星对特定区域实现更强的任务持续性以及任务分配问题。分布于多类轨道的组网星座能够获得针对目标区域类似的任务持续性,且整体所需卫星数量相对较少。在这一点上,考虑到仅采用多颗低轨卫星、一颗或几颗中轨卫星等单一类型星座也能够达到相同效果,那么建造、发射和维护这样一个星座的成本差异是需要权衡的重要问题。采用这种多轨道星座能够较为容易地获得效果更佳的任务持续性,在系统设计上应该考虑哪种因素和结果更为重要,或者必要时两者兼而有之。

仍然以对地成像任务为例,多类型轨道星座对可成像区域数量、图像质量和任务实施难易程度等方面都将产生不同的影响。继续沿用前述例子,包括一定数量地面站和航天器的低轨组网星座,载荷相机能够在目标区域获得质量相对较好的图像,轨道控制和维持也相对容易实现。

从图4-5中可以看出,低轨航天器的视场十分有限,需要在目标区域附近部署大量地面站,或者需要多颗具备星间通信能力的低轨航天器,以减少对大量地面站的需求。

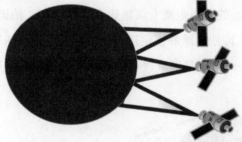

图4-5　低轨航天器视场范围

图4-6显示了在卫星组网架构下,低轨卫星通过中轨卫星实现与可见范围外地面站的通信,地面站数量需求相对较少。中轨卫星大部分时间对目标区域可见,只要地面站和低轨卫星在其视场范围内,上行注入任务即可经地面站到达中轨卫星,再转发给低轨卫星,下行任务数据则沿相反方向流动。

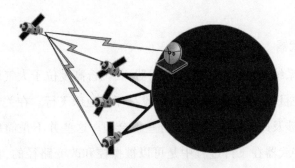

图 4-6　低轨和中轨卫星组网

图 4-7 所示,组网系统加入了地球静止轨道卫星,上注任务数据经单个地面站发送给地球静止轨道卫星,地球静止轨道卫星再向下转发给处于视场内的低轨卫星。但是,任务数据往返于地球同步轨道,使得传输时延相对较大。

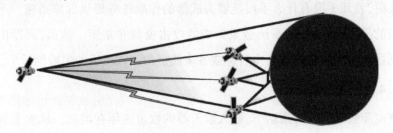

图 4-7　低轨和地球静止轨道卫星组网

对于这类星座,以及除低轨以外的其他类型轨道,航天器发生故障或遭到破坏所造成的损失将成倍增加。中地球轨道和地球静止轨道卫星建造标准高,制造成本高,发射难度大,甚至更不容易找到相匹配的运载火箭。这类系统的任何网络问题都将带来比低轨卫星受损更高的经济代价。此外,中地球轨道卫星和地球静止轨道卫星载荷任务的客户群体更加广泛。GPS、无线电侦测、核爆监测、气象天气等卫星遭攻击破坏,将对国家安全和社会繁荣造成巨大的负面影响,这是每 90 分钟绕地球运行一圈、面包盒尺寸大小、搭载小相机的小型卫星无法相比的。

4.4　特殊系统

本节将介绍特殊类型的航天器,包括环绕其他天体运行的航天器以及载人航天器等。

4.4.1 武器

某些武器系统通常也被归类为航天器,其飞行高度位于大气层之上较高的空间区域,击中目标之前部分或全部时段在环绕地球飞行。在关于太空系统网络安全的书中涉及此类航天器似乎有些不合理。这些并不是简单的发射后不管的武器,这些武器在飞行过程中是可以被操控和改变路径的,直至撞击到目标为止。还有一些防御性武器系统,作为拦截器在太空中实施作战行动,用于抵消那些从空间发起攻击的进攻性武器的作战效力。

无论是防御性武器系统,还是进攻性武器系统,这类航天器都具有与典型卫星一样的网络安全缺陷。如果地面站的可攻击面遭到入侵或破坏,那么武器一旦发射,就几乎没有什么手段能够为武器的作战任务提供保障措施。不过稍好一点的是,能够对武器系统造成影响的攻击窗口非常短。然而,武器出现的任何问题都可能导致无法命中目标或者未能拦截敌方目标的失败性后果。

4.4.2 载人航天器

在商业公司的大力推动下,载人航天器的数量逐年在增加。从安全和操控的角度看,载人航天器引发了许多不同于管理普通卫星的复杂问题。随着太空旅行变得越来越普遍,我们将置身于这样的境况,航天器的网络安全性愈发引起人们的重视,处于同发射前设计和测试等其他方面同等重要的地位,对保障航天器上人员安全、健康和平安返回地球具有重要意义。

目前,太空旅行和其他政府资助的载人航天器均运行在近地轨道上,例如国际空间站和维珍银河太空旅行试验舱。不管是像国际空间站一样长期驻留太空的载人航天器,还是仅在太空短时间飞行的太空旅行舱,唯一的共同点就是首先要保护航天器上人员生命的安全。载人航天器中仍然存在平台到载荷的关系,其中部分器载资源用于保障在轨飞行,另外一部分器载资源用于执行载荷任务。与其他类型航天器不同的是,无论载人航天器是用于何种任务目的,确保器上人员的安全都是主要的任务。例如,宇航员的任务是修复哈勃望远镜,但确保其生命安全具有更高的任务优先级。航天员安全地返回航天飞机或地球,即使未完成望远镜的修复任务,但在保障生命安全方面仍然是成功的。

无论是商业性质的太空飞行,还是美国国家航天航空局(National Aeronautics and Space Administration,NASA)等国际政府航天组织支持的载人航天任务,都面临商业经济和工业制造等问题。当涉及可能威胁人类生命安全的项目时,为航天飞机任务、登月任务或其他任务寻求资金支持将变得困难重重。公众和政府都对本国公民在太空中的死亡事件感到难以接受,像"挑战者"号航天飞机这样的事件足以使太空计划被搁置或完全终止。若涉及的是平民而不是受训军人和宇航员,将进一步放大事件的影响程度和范围。想象一下,假如第一个太空旅行航天器出现故障,并致1人死亡;潜在客户群体因过于担心生命安全问题而不愿购买太空旅行服务,那么该公司不仅有可能倒闭,甚至整个商业航天产业也会面临巨大的风险。这是一种相当现实和客观的观点,虽然商业航空飞行是经过数十年建立起来的相对安全的旅行方式,但看看最近的空难便可知晓对相关航空公司造成的深刻影响,各国一致坚持停飞空难涉及的制造商生产的飞机,对该制造商及航空行业造成了巨大的冲击。面对如此严重的灾难事件,一个新兴的商业航天产业很可能难以存活下来,若是由网络系统恶意访问造成的灾难,而不是由物理故障引起的灾难,那将产生不可想象的更加严重的后果。

4.4.3 星际航天器

在地球及环绕其运行的轨道之外同样部署有复杂的航天系统,例如环绕火星运行的导航定位卫星、火星探测器、月球车,以及多次飞行的载人登月飞船等系统。这些系统完全不受地球电磁场和大气的保护,易受到诸多其他因素的不良影响。有时,随着地外系统的发展和进步,星际探测器也可能到达环境恶劣的行星,但对航天器来说实际上可能会更安全。

星际探测器与地球地面站的通信窗口问题会变得更加复杂,不仅需要考虑绕地球运行的航天器轨道高度和速度,还需要考虑绕太阳运行的其他天体的影响。更复杂的是,对于类似于火星这样的天体,其本身还有自转。星际探测器的操控、载荷任务和通信等工作机制更加复杂,涉及火星表面或环绕火星轨道上的探测器与地球地面站通信的时间窗口和相互位置关系等。

星际探测器与地球地面站的通信时延随二者距离的变化而改变。虽然目前还没有发现适宜人类生存的地外天体,但有几个国家已经设立了载人航天器星际飞行的任务目标,至少是短期的人类地外生存计划。通信、能源和生命支持的实现面临巨大困难。对资源敏感的太空网络安全解决方案应能够适用于多种航天器,并可以针对每类探测器进行定制和优化。

4.4.4 深空探测器

比月球、火星距离地球还遥远的航天器与地球地面站通信时延将非常长,且通信窗口长度较为有限。典型的例子就是"旅行者"号探测器,以及其他从地球运营控制的深空航天器任务。在深空探测器与地球地面站之间信号收发时延需要数小时的情况下,目前难以想象为其实施信息安全防护措施,因为普通攻击者甚至是国家实体,并不能做到轻易地与比类似冥王星更遥远的航天器进行通信。

然而,我们没有理由不开始评估如何在这些系统中应用安全性的措施。随着航天器计算资源和通信变得更加复杂而且高效,进入近地轨道空间变得越来越容易,太空系统所处的运行环境确实需要实现一定的安全性功能。更为必要的是,部分太空系统在轨运行的时间长达几十年甚至更长。如果航天器执行任务和对地通信受到某些方面的阻碍或阻止,那么投入的大量资源将化为乌有,更无从得到科学数据。当然,这是未来需要考虑的事情,但是确保航天器不会因为网络安全问题而失败的原则是必要的。因此,网络安全的实现应该重点考虑航天器上计算存储资源、载荷及轨道特性等方面的限制条件,根据系统和任务类型开展有针对性的网络安全设计。

4.5 小结

以上几种类型的航天器已经引起或即将引起网络安全专业人员的关注,并需要为其提供内生的、自下而上的网络安全解决方案。本章讨论了绕地球飞行的非近地轨道航天器,如中地球轨道和地球静止轨道卫星,还涵盖了各具挑战的特殊类型航天器,如载人航天器、极其复杂的星际探测器、太阳系外的深空探测器,以及武器化太空资产装备。致力于在各类太空系统中融入网络安全措施是安全领域需要提前完成的一项任务,同时,也需要航天领域的广泛和深度的参与。

第 5 章
航天器面临的威胁

威胁是指会导致太空系统受损的系统指征、特质或属性等。本章将集中讨论航天器本身所受到的威胁,第 6 章将讨论航天任务面临的威胁。一般说来,航天器所面临的任何威胁都可能会对航天器所执行的航天任务造成威胁。但事实上,航天器和航天任务面临的威胁不尽相同,促使威胁发生并产生影响的因素和行为也各有不同。因此,本章首先介绍航天器本身所面临的威胁,并同时强调,任何能对航天器造成威胁的要素都有可能阻碍航天任务的执行。

航天器损坏,器载资源不可用,或地面上的数据用户和航天器运营者被误导,认为航天器已完全停止工作,这些问题带来的威胁都可能导致航天器失效。稍后将会讨论到的监视器脚本、自动化安全协议和其他类似的协议可能会使航天器规避和消除很多威胁。这一点对于许多不同的航天器来说,在很多方面是有效的。然而,监视器脚本能够帮助航天器抵御威胁的事实,并不能改变另一个事实,即监视器脚本本身带来的威胁又是致使航天器失效的常见方式。

本章仍重点关注近地轨道小卫星所面临的威胁。有理由证明,近地轨道小卫星是当前更为普遍的太空系统,需要合理的解决方案来应对网络安全问题。同时,由于我们之前讨论过的、类型更为复杂的航天器也很容易遭受这些威胁,所以本章还将讨论其他非近地轨道小卫星所面临的具体威胁。此外,当研究这些威胁如何破坏航天器或使航天器失效时,还必须提到一个将许多甚至全部威胁联系在一起的中心系统。命令和数据处理器(command and data handling, C&DH)用于实现航天器对外中继通信或直接通信。可以说,任何影响 C&DH 功能的网络攻击都有可能导致航天器受损或失效。然而,从功能和特性的角度看,C&DH 就是一台典型的计算机,并非太空系统独有,因此这里不再列举实例说明其在航天器上应用。

5.1 电力系统

电源,通常也称为电力系统(electrical power system,EPS),是航天器最重要的保障支持系统,也是保障航天器正常运行的中枢,它面临着最大的威胁。如果没有电力支持,航天器将无法进行在轨运行、通信、实施载荷任务或修正轨道和姿态。电力系统出现的任何问题都可能引起致命后果,导致航天器损坏或失效,因此,深入研究和保护电力系统十分必要。无论电源威胁是源自自然因素、不可预见的环境因素、操作使用因素,还是恶意网络攻击所导致,都必须采取措施加以缓解。

5.1.1 非网络威胁导致供电能力不足

第一个非网络威胁是涉及航天器供电能力的问题。太阳能帆板是在轨航天器的主要供电部件,一般安装在卫星的侧面,在航天器入轨后完全展开。如果因为机械方面或其他方面的缺陷或故障,太阳能帆板无法在轨展开,航天器正常运行所需的电力将难以得到满足,从而导致航天器在轨运行效率显著下降,甚至完全无法工作。

一般的航天器,特别是小卫星,在供电能力方面会受到较大限制,因为很难将巨大的太阳能帆板折叠安装在只有面包盒大小的卫星上,所以太阳能帆板的供电能力不太可能大幅超出实际需求。此外,如果两个太阳能帆板的其中一个发生故障,卫星则需要大量时间使帆板对日为整星充电,无法高效执行对地成像等任务,载荷任务时间窗口将被大大压缩。

5.1.2 非网络威胁导致蓄电池故障

第二个航天器电力系统的非网络威胁关系航天器产生电力后储存电能的

能力。在载荷任务窗口期内,航天器,特别是那些小卫星的太阳能帆板并不会持续保持对日定向。这意味着航天器必须具备储存电能的能力,在太阳能帆板无法实时供电的情况下,使用蓄电池电力为整星供电。倘若星上部分蓄电池发生故障,将影响航天器在轨寿命期内可用的工作时长。由于蓄电池储能有限,航天器长时间在阳照区之外实施任务会耗尽蓄电池电量。

另一个潜在的威胁是,蓄电池故障最终会对航天器其他部件产生破坏性影响。假如器上蓄电池因无法承受运载火箭发射时产生的巨大推力而发生破裂,则会引发附带化学反应,致使航天器还未从火箭分离就受损或失能。虽然有些电池比锂电池更稳定、更安全,但是无论是采用何种工艺、材料和技术生产的电池,一旦发生破裂或故障,至少会使航天器在阳照区外的供电能力下降。最坏的情况是,航天器从内部完全损毁。

5.1.3 网络威胁导致异常通信耗电

航天器电力系统的非网络威胁以损坏部件或使航天器丧失功能为主要表现形式,而航天器电力系统的网络威胁则以恶意修改星上系统软件代码为主要形式,导致航天器电力分配和供需平衡出现问题。在下面所列举的所有网络威胁的例子中,可以假设,当攻击者具备使航天器受到该类威胁的能力时,它也同样具备改变航天器为应对该威胁而采取的保护措施的能力。在这种情况下,如果攻击者能够植入代码,对航天器电力生产、使用和储存产生消极影响,那么攻击者同样能够禁用星上监视器脚本和电源自动重置功能等。

有效载荷或其他部件不断地以最大功率尝试进行通信,直至将蓄电池的电量耗尽,这是航天器电力系统面临的第一种网络威胁。对于该威胁及其他针对航天器电源的威胁,航天器在经过足够长的时间的无控飞行后,可能因为太阳能帆板受照最终产生了足够的电量,从而整个航天器被唤醒。在此种情况下,如果威胁持续存在,无论航天器何时被唤醒,它仍然会以最大功率继续向太空发射无用信号,直至电量耗尽,再次进入断电状态。

5.1.4 网络威胁导致异常载荷耗电

另一种网络威胁的表现是,攻击者将载荷恶意设置为持续感知、发射信号或任务运行状态,由此耗尽电量,同时更改星上保护措施和安全启动选项,只要航天器能够产生足够的能量,载荷将持续运行而消耗电量。上述两个类型的例子描述了攻击卫星平台和载荷的方式,即通过植入和修改代码快速消耗星上电能,同时阻止星上安全保护措施发挥作用,使其不能处理异常状态和保护航天器。

5.2 通信系统

航天器通信方面所面临的威胁与电力系统面临的威胁不同,不会导致永久性甚至毁灭性的破坏。即便如此,通信威胁在本质上也同样危险。虽然航天器本身可能还是会在轨工作,甚至继续正常工作,但无法与地面站或其他组网卫星通信,对于地面用户而言,航天器已经失效了。

5.2.1 非网络威胁导致通信受干扰

干扰或电子战是航天器通信所面临的第一种非网络威胁,也是航天器在通信方面已知的最为典型的恶意攻击,一般是指接收机收到过强或混乱的信号,从而丧失与远程设备的有效通信能力。干扰的一个重要因素是信号功率,特别是对于低轨小卫星而言,由于其资源极其有限,供电和储电能力非常小,所以来自地面或其他航天器的有效干扰将成为真正的潜在威胁。

规避干扰威胁有方可循。在通常情况下,实施干扰的攻击者需要知道被干扰对象的信号的频率,或有能力在较宽的频率范围内实施干扰。因此,任何能够改变通信频率或有能力压制干扰信号的航天器和通信设备都可能对抗干扰。这种解决方案并不是万无一失的,但在受干扰的环境中,还可通过弹性规避和减缓干扰的方法实现通信。此类针对通信的非网络威胁和无线电通信本身相生相伴,干扰和抗干扰技术经过多年博弈,已经非常成熟。

5.2.2 非网络威胁导致通信密码被破解

加密是第二种针对通信的非网络威胁。虽然加密是安全通信的必要组成部分,但前提条件是航天器之间、航天器与地面站之间的加密通信链路是安全的。与干扰问题相同,加密和破译之间的斗争也是持续存在。对于所有加密用户,尤其是太空系统的用户来说,重要的是需要认识到,加密只能被视为阻挡攻击或防止受损的"减速带",而不是一种保障。

随着计算能力的指数级增长,每年都有大量加密标准被高强度的密码分析所破解。在这种情况下,太空系统面临的另一个危险是,航天器与地面站之间通信使用的加密标准被破解,暴露在开放空间中的通信数据基本上可以看作是明文。另外,即使加密标准未被破解,通信仍然可能受到干扰。虽然这种非网络通信威胁不像干扰威胁那样会产生致命后果,但是失去通信安全可能会使太空系统任务变得毫无意义,甚至充满危险,从根本上终结后续的任务窗口。

5.2.3 网络威胁导致天地通信受阻

与加密类似,网络也能够对通信产生威胁。攻击者无须等待高性能计算机破解星地之间所使用的加密标准,只需通过地面站终端侵入航天器,使用地面站装载的正确密钥就可与卫星建立正常的通信联系。攻击者侵入航天器后甚至可以删除或替换航天器上的加密密钥,使航天器无法完成加密通信的握手过程,不能与组网星座中的其他航天器或地面站建立通信关系。更糟糕的是,如果攻击者使用更新后的星地通信密钥保持对地面站的接入访问能力,只要未被发现,其将成为唯一能够与该航天器通信的实体。

与密码本身被破译一样,航天器丧失星地加密通信能力同样会使任务窗口终止。即使攻击者没有篡改自动故障处置机制,航天器能够按程序正常切换到非加密通信模式,但考虑到星地传输数据内容的高度机密性和重要性,采取非加密方式通信是不安全和不可行的。攻击者经常删除和破坏航天器上具有特别访问权限的自动故障处置脚本和组件。即便未采取该攻击手段,攻击者仅简单地从地面站不断修改航天器通信加密密钥,使器上自动切换为非加密模式,航天器仍将被严重削弱正常执行任务的能力,或由于星地通信问题完全无法开展工作。同时,通信问题还会导致航天器无法接收地面的重要控制命令,如碰撞规避轨道机动或离轨的有关指令。

5.2.4 网络威胁导致通信配置被恶意篡改

第二种网络通信威胁更为复杂,其所产生的负面影响也十分严重。对于大部分卫星,尤其是小卫星来说,计算机技术的发展使得硬件的调制器、解调器及其他天线设备逐步被软件无线电(software defined radio,SDR)所取代。软件无线电本质上能够改变通信频率和通信参数,以适应不同的通信收发需求。

软件无线电卫星在网络安全方面的缺点是,软件无线电相当于是另一台计算机,与器上其他部件联网,可能被攻击者盯上并感染恶意代码。攻击者获得对软件无线电的访问权限后,即具备了修改对地通信频率和参数的能力。同时,攻击者会禁用器上应对星地无法通信的故障所设计的计算机重置等安全保护措施。对地面操控人员而言,航天器无法对地通信,丧失了在轨工作的能力。

5.3 导航、定位和控制

导航、定位和控制能确保航天器在轨运行时避免与其他空间物体碰撞,离轨时坠入地球大气层烧毁,以及在与地面通信时保持正确的位置。对于航天器而言,丧失导航功能是极为不利、甚至是非常致命的,必须认真对待并尽可能减少导航所面临的威胁。

5.3.1 非网络威胁导致消初偏异常

因惯性原因,小卫星甚至大型卫星及其他航天器,与运载火箭分离后,均会产生不同程度的非必要姿态翻滚。航天器需要能够适应并及时完成消初偏或速率阻尼。翻滚的程度可能非常微小且不易察觉,也可能非常严重且无法恢复。此外,出于减少消初偏的时间和能量消耗等的考虑,部分卫星从设计角度即接受绕某轴特定角速率旋转或翻滚的工况。

因航天器翻滚对导航带来的威胁是,若某型航天器几乎没有或根本不具备速率阻尼能力,当其部分组件未能及时与运载火箭分离,航天器将在太空中快速旋转,无法保持稳定的姿态。太阳能帆板无法展开,供电能力不足,使航天器不具备对地通信条件。在这种无法完成速率阻尼的情况下,航天器无法实现对地通信,不能正常工作,进而无法停止旋转、进入稳定状态,也就不能进入设计轨道,由此可能导致空间碰撞或再进入大气层烧毁。更严重的是,如果太阳能帆板无法展开,或没有足够时间朝向太阳充电,则航天器最终将因供电不足而完全失效。

5.3.2 非网络威胁导致 GPS 芯片故障

因空间辐射或自然事件导致器上 GPS 芯片损坏或故障,是航天器在导航方面面临的更为直接的非网络威胁。虽然航天器通常还装有其他具有定位定姿功能的器件,如太阳敏感器和恒星敏感器,但丧失 GPS 功能将是灾难性的。与使用 GPS 芯片的三角测量方法相比,其他定位测量方法的精度较低,仅能在一定程度上满足有关设备的校准,航天器任务窗口还是会受到较为显著的影响。

5.3.3 网络威胁导致导航定位异常

网络攻击能够造成导航数据错误或者限制导航能力,进而对航天器载荷等其他方面产生负面影响,甚至最终使其失能。在第一个例子中,攻击者篡改卫星对 GPS、恒星敏感器和太阳敏感器等数据的使用和判断算法,导致卫星误认为自身处于对日定向状态,但事实并非如此,反之亦然。若航天器遭遇该类攻击,变得无法正确导航,将使应当指向太阳的太阳能帆板电池阵始终不能对日定向。航天器由于缺少外部能源输入,最终将停止运行。如其他例子中所显示的那样,网络攻击禁用了安全保护机制,即使在太空飞行过程中航天器蓄电池积累了足够的电量,并重新启动,仍然不会有准确的导航信息来保障航天器持续在轨正常运行。

5.3.4 网络威胁导致航天器失控

另一个对航天器构成网络威胁的导航问题是通用导航计算机(general navigation computer,GNC)失去控制。攻击者获得对航天器的访问控制能力,使其进入与某空间物体发生直接碰撞的轨道,同时导致其无法与地面站通信,最终,航天器发生空间碰撞而被完全摧毁。攻击者针对星座或组网系统实施此类攻击,会使多个航天器面临严重威胁。

5.4 离轨

低轨航天器在轨寿命结束若干年后需要脱离轨道,进入大气层烧毁,以减少轨道上的空间碎片数量。为了达到这个目的,通常采取两种方法,一是航天器经长时间运行,轨道高度自然衰减而再入大气层;二是航天器具备轨道姿态控制能力,在适当的时间自主实施离轨再入控制。

5.4.1 非网络威胁导致异常触发离轨程序

在空间环境的影响下,航天器有可能会发生误认为其需要触发离轨序列流程的小概率事件。在这种情况下,航天器在错误的时间进入大气层烧毁。此外,航天器离轨的能力也可能存在问题。对于在轨运行设计寿命仅几年的航天器而言,在太空中构建可靠的离轨能力非常重要。

5.4.2 网络威胁导致异常触发离轨程序

从本质上讲,通过网络攻击使航天器离轨的方法主要有两种。在如前所述的网络环境下,恶意攻击者篡改航天器参数配置数据,或使其认为已经达到了实施离轨操作的要求,或修改实施离轨操作的要求本身使其尽快触发离轨控制。

5.4.3 网络威胁导致离轨异常

与离轨相关的第二种网络攻击是利用推进发动机、反作用轮、反作用杆等使航天器轨道高度大幅下降,提前落入地球大气层烧毁。配置有推进系统的航天器,通过燃烧消耗足够的推进剂使航天器以一定的倾角和速率脱离轨道坠向地球而剩余燃料已不足以改变离轨过程。航天器使用飞轮和反作用杆进行姿态和轨道调整的过程较慢,因此,离轨过程耗时较长,在此期间攻击者需要有效阻止地面站操作人员对航天器的抢救控制。

5.5 非近地轨道系统

前面讨论的例子主要涉及低轨卫星或普通卫星,下面介绍在本书中谈到的在其他类型太空系统中,攻击航天器的网络威胁和非网络威胁的例子。

5.5.1 武器

作为武器的太空系统面临的重大危险不仅包括受损、失能,更重要的是,当针对系统的网络和非网络威胁成为现实时,将造成大规模的人类生命财产损失。

5.5.1.1 武器面临的非网络威胁

多数在地球大气层外及更高轨道高度上部署的武器系统,也可以被视为一个包含航天器的太空系统。即使是这样,在飞行精度不能得到保证的情况下,这类武器系统可能偏离航向。对于可监视和控制的武器而言,当发生这种情况时,地面安全控制人员为避免发生意外可能会终止武器系统的飞行。当无法实施飞行终止控制时,最好的结果是,武器留在太空中、不对地球造成破坏,因此,对于发射方而言,武器未能产生预定的打击效果;最坏的情况是,偏离航向的太空武器系统没有被拦截下来,造成大量非预期的无辜平民伤亡。这类系统包括洲际弹道导弹、反弹道导弹和高超声速武器等。

5.5.1.2 武器面临的网络威胁

针对该类武器系统破坏性最小的网络攻击是侵入地面安全控制人员使用的工作站,使任何发射到太空的武器系统都自动炸毁。更恶毒的攻击是侵入武器的瞄准和发射系统,在意想不到的时间向无辜人群和目标发起攻击。这两个例子不涉及对航天器本身的破坏,也不是专门针对航天器的威胁。随着人工智能和机器学习技术的发展,这些武器实施攻击的自动化、智能化水平越来越高。可以预见,武器上的计算资源会因遭到网络攻击而受损,武器发射后,人工智能决策与发射人员意图产生矛盾与冲突,很可能会造成灾难性后果。

5.5.2 载人航天器

确保人员生命安全是载人航天的首要目标。在这种情况下,航天器本身仍将面临特殊的威胁。

5.5.2.1 载人航天器面临的非网络威胁

物理损害是载人航天器面临的最现实的威胁。它可能以辐射事件的形式发生,烧毁乘组人员操控航天器的重要电子设备,还可能因为遭遇其他空间物体的撞击,造成推进系统或控制系统损坏,虽然器上人员不会立刻面临安全危险,但航天器不再完全受控和可用。地面站为载人航天器提供支持,必要时地面人员将控制航天器飞行。针对载人航天器的威胁是阻碍地面和器上人员控制航天器的能力。此外,其他太空系统的地面站可能存在被用于实施网络和非网络攻击的威胁,载人航天器及其地面站同样面临这些问题。

5.5.2.2 载人航天器面临的网络威胁

本质上,网络威胁与非网络威胁对载人航天器所产生的影响范围是相同的。恶意网络攻击试图使地面站人员、乘组人员无法掌握和了解器载计算机的真实状态,让他们误认为航天器一切正常,但不会直接对航天器本身构成巨大威胁。与其他类型航天器面临的网络威胁相同,此类攻击也会导致航天器受到不可逆的物理损害。更多有关专门针对航天员的威胁在第6章"航天任务面临的威胁"中介绍。

5.5.3 星际

星际系统距离地球较远,通信时延较长,通信窗口较少,相对更加复杂。星际系统的地面控制人员阻止网络和非网络威胁损害航天器的条件并没有那么好。

5.5.3.1 星际系统面临的非网络威胁

星际探测器的威胁基于事实和历史。比如,地外星球上的沙尘暴覆盖了星际探测器的太阳能帆板,导致蓄电池无法充电,最终就地报废。探测器被困在裂缝、岩石间或陷在沙子中。在这些情况下,地外星球的环境对探测器造成无数的严重威胁。可以想象,已经讨论过的探测器器面临的威胁,对于在地外星球上运行的探测器系统将是多么致命。

5.5.3.2 星际系统面临的网络威胁

考虑到从地球操控星际探测器的难度,具备访问星际探测器能力的网络攻击者将是巨大的安全风险。破坏或损毁星际探测器不需要复杂的代码或轨道计算。攻击者只需要使探测器驶向悬崖,或者在与地球通信结束时进入洞穴。当地球控制人员意识到探测器未按计划工作时,探测器要么处在没有阳光和信号的洞穴里,无法与地球建立通信链路,要么在峡谷中摔成碎片。

5.5.4 深空

与星际系统类似,深空系统通信时延很长,但通信窗口较少且时间有限。地球与火星间的通信时延为数分钟,而深空通信的时延可能是几小时。深空系统具有星际系统所没有的风险,存在无法获知其轨道或位置的可能性。火星上的航天器至少会停留在火星表面,地球上的操作员能够计算出用于接收火星航天器信号的通信天线的指向数据。但如果深空航天器的航向发生意外变化,情况就不一定如此了。

5.5.4.1 深空系统面临的非网络威胁

深空系统所面临的非网络威胁依然是航向改变所带来的威胁。远离地球的深空探测器与行星或其卫星轨道上的岩石,甚至一个小型星际物体发生碰撞,造成其运行轨迹偏离预定轨道,对于地球上的操作员而言,重新找到探测器,并与其在新位置和轨道上直接进行通信,是非常困难的且可能性极小的。虽然探测器上安装全向天线十分必要,但深空系统所面对的未知位置和轨迹问题将成为一个挑战。

5.5.4.2 深空系统面临的网络威胁

在深空航天器面临的网络威胁中,恶意攻击者向航天器发送指令,使其向非预定方向飞行,地面操作员将无法找到航天器。此外,如果攻击者能够在航天器上运行恶意代码,控制航天器在未来几个月内执行一系列随机轨道机动,也将使地球操作人员无法找到航天器。在这种情况下,即使地球操作人员找到了航天器并试图重新规划轨迹,但航天器仍然会在一段时间内随机变轨,最终可能永远失去与地球的联系。更不用说,如果在深空航天器上实施已经讨论过的那些威胁,对航天器造成的影响将是不可恢复的。

5.6 小结

本章介绍了许多针对航天器的威胁。其中许多源于本书前几章中讨论的针对航天器的挑战。这些威胁显然可以在大气层或太空中自然地发生,不受网络影响,也可能是由针对航天器或地面站的恶意网络行为导致。值得注意的是,对于太空领域为确保太空系统正常运行所克服的每一种困难,网络都带来了新的威胁,即任何一种挑战都可能被恶意攻击者重新引入到航天器中。

第 6 章
航天任务面临的威胁

航天器面临的各种威胁不但危害航天器本身,而且会影响到航天任务成败。此外,针对航天任务的威胁与执行航天任务的航天器类型没有必然的联系,而是与任务涉及的某些具体方面,以及在航天器上执行任务使用的组件有关。航天器在太空中能够执行的任务有很多种,同样,针对航天任务的威胁也是多种多样的。尽管针对航天器的威胁也会连带对航天任务构成威胁,但本章对此做出区分,因为网络攻击的目标可能是整个航天器,也可能是具体任务。某些攻击效果通常是攻击者针对航天任务量身定制、精心设计的,并非针对航天器,而且对本身产生的影响也十分隐蔽。

另外,针对航天任务的威胁,甚至通过针对航天器而实现的威胁,可能导致航天任务无法完成,或使整个太空系统失去作用。针对航天器本身的拒止、降级、干扰、破坏,或者以其他方式阻碍其正常运行的攻击行动,几乎一定会被太空系统的运营者发现。但是,意图通过实现针对特定威胁来影响航天任务的网络攻击行为则更为隐秘,不易被长时间操控受攻击的航天器的人员所发现。

6.1 网络和安全保护

在探讨具体任务及其相关威胁之前,本节首先介绍包括低轨小卫星在内的多数航天器已经采取的安全保护机制。这样做的原因是考虑到相关研究人员在阅读第5章"航天器面临的威胁"之后会认为,现有的网络安全机制和非网络特定保护措施,能够减轻或化解许多针对此类威胁的网络攻击。

不过,大多数旨在实现针对航天器和任务威胁的网络攻击行为,很可能是由掌握充足资源及准确情报的攻击者实施的。这些攻击者通常不仅能够在获得太空系统访问权限时实现威胁,而且可以阻止触发安全告警或自我保护机制,确保达成攻击目的和效果。本节将介绍几个较为突出的问题,以期读者能够更加深入地了解航天器受攻击后通常表现出的趋势和模式。

6.1.1 监视器

监视器是由航天器各种状态参数所触发执行的脚本或代码,通过调用处置程序来自动处理触发监视器运行的相应问题。一个触发监视器的例子是,卫星GPS芯片出现问题,引起导航故障,使得卫星丧失基本工作能力,无法正确指向地面站或任务目标。

在这种情况下,地面控制人员希望卫星能够自动识别和处置GPS芯片的缺陷或故障。因此,如果长时间没有获取到GPS芯片的正常数据,将触发卫星监视器代码,迫使卫星依赖星敏感器或太阳敏感器等其他部件进行定位。通过这种处置方式,航天器能够重新指向地面站并下传遥测数据,为太空系统操作员提供排除GPS故障所需的信息。

意图攻击卫星导航系统的攻击者必须考虑到监视器在恢复功能和排除故障方面发挥的作用。如果网络攻击者是能够发送上行指令来扰乱GPS工作的地面站内部人员,监视器程序会在某个时刻接管GPS功能,但恶意的太空系统操作员能够重新获得航天器控制权。另外,如果网络攻击者获得对航天器上计算机的某些读写访问权限,则能够使监视器程序在正常任务之外被禁用。可以通过以下几种方式实现此目的:删除监视器代码、篡改触发机制或阈值,或更改监视器运行处理过程等。

6.1.2 重要备份

重要备份是指存储在航天器上的航天器操作系统与设置的副本,能够在已安装的软件或其他软件发生问题、导致灾难性故障时,将系统恢复到发生故障之前的正常配置状态。当发生故障时,备份镜像能使航天器恢复到良好的工作状态。启动恢复程序可以由地面站操作员发送上行遥控指令,或者自动执行类似于监视器脚本的程序。为航天器配置关键备份,并由地面操控员或监视器脚本程序启动航天器重装操作系统的进程,可以抵抗几乎所有的针对航天器软件的攻击。

这种方式使简单的内部威胁失去效用,恶意的太空系统操作员试图令航天器执行有害指令的不良企图难以实现。如果另外一个操作员发现了攻击,或者触发了监视器,航天器能够利用关键备份重新安装系统,恢复其正常功能。但是,若攻击者能够运行器上操作系统命令,利用访问权限植入代码重写关键备份并覆盖原有文件,恶意程序就能在航天器回滚备份时重新获取访问权限,甚至令航天器完全失能。

6.1.3　回退加密

在本质上,回退加密只是加密密钥的镜像备份。在某些情况下,镜像加密密钥缺乏安全性保障,或者只是预先设计的备份选项,用于基于预设逻辑的故障恢复。比如,卫星与地面站多次通信不成功,即假定密钥出现问题,可尝试使用回退选项。这种保护机制可以起到防止攻击者阻断星地通信的作用。当攻击者企图控制设备内存中的密钥来阻止天地通信时,航天器与地面站可以同步依序回退密钥。

如果恶意网络攻击者能够在航天器操作系统上执行真实指令,那么其可以删除或篡改回退加密密钥。如果在用密钥和回退密钥均被删除,航天器将无法响应地面指令,但太空系统操作员至少能察觉到出现了问题。在更严重的情况下,攻击者可以用其掌握的密钥重写在用密钥和回退密钥,在航天器经过其控制的地面站时,攻击者可以像操控自己的卫星一样,删除任何已有情报,比如侦察图像、侦收信号等载荷数据。

6.1.4　资源限制

资源限制是航天器操作系统中的硬编码值,用于支持太空系统持续运行,也可以延长太空系统寿命。资源预算限制了航天器上的电力使用和其他部件的运转,以保持电池寿命或更有效地利用有限的电能。

具有访问权限的攻击者可以改变资源限制阈值,放宽限制势必使航天器容易遭受自身造成的损害,减小阈值将使航天器的功能受限。攻击者也可以针对航天器实施略为简单的攻击,以一种重复或不易察觉的方式发出常规指令,持续使航天器达到资源限制条件,进而频繁触发监视器脚本阻碍航天器的正常工作。

6.2 感知任务

下面介绍本章的重要内容,即各种航天任务如何受到太空系统运行过程中的正常偶发事件影响,以及面临的有目的的恶意网络行为的特殊威胁。感知任务是指接收或感知热点地区情况的航天器有效载荷任务。

作者先前出版的著作 *Waring Cyber War*(《发动网络战》Apress,2019)中详细分析了网络攻击的机制原理,重点介绍了操控敌方传感器的两种网络攻击手段,一种改变用户的感知能力,另一种是改变传感器的感知能力。在第一种攻击的情形下,传感器仍然以正确的方式观察和收集目标信息,但传输给用户的数据被篡改,无法准确反映传感器实际获取的目标状态。第二种针对传感器的网络攻击则是改变传感器本身的功能和状态,这种情况与传感器能正常工作但发送虚假异常数据的情况不同,用户会注意到传感器出现问题,并对数据产生怀疑。

6.2.1 无线电信号侦收

无线电信号侦收及相关信号数据记录是一种航天器感知任务。虽然无线电信号覆盖了广泛的频率范围,但由于使用了软件定义无线电等数字化设备,探测感知任务可以在任何时间或一段时间内侦收某一个特定频率信号。

6.2.1.1 非网络威胁导致信号外泄

航天器本身的异常信号发射是航天器无线电信号侦收感知任务面临的主要非网络威胁。若没有经过适当的测试,如在屏蔽室内开启航天器上所有设备,操作员将不会知道航天器一旦进入太空,是否会产生强烈的信号污染,从而影响感知载荷准确地完成任务的能力。运载发射过程中的振动也会使某些组件发生位移,甚至造成器上紧固件或螺丝的轻微松动,从而产生信号外泄问题,使原本在航天器内部的信号辐射出来,污染了信号感知传感器周围的频谱环境。

6.2.1.2 网络威胁导致更改设置和内容

除了太空系统操作员,恶意网络攻击者也会对无线电等数字化事物感到兴奋。通过网络攻击获得访问权限后,攻击者可以简单地篡改航天器上滤波或频率的设置,使感知任务无法完成。攻击者甚至能使航天器始终认为其具有正确的设置,但阻碍软件定义无线电正确识别信号的能力。在这种情况下,航天器看起来仍在正常工作,但是载荷无法正常执行任务。更糟糕的是,网络攻击者还可以修改存储信息记录的文件,这样,太空系统操作员下载查看的记录文件将受攻击者控制,呈现出攻击者想要展示的错误内容。

6.2.2 对地光学成像

对地光学成像利用相机等有效载荷拍摄地球热点地区的照片,是航天器上常见的感知任务。攻击者通过各种方式针对类似相机传感器这样的普通器件实施攻击。

6.2.2.1 非网络威胁导致图像无法分辨

长时间的空间对地成像是十分常见的空间任务,特别是对低价值太空系统而言。具有成像能力的小卫星,有时就像运动相机(GoPro 相机)那样简单,在太空中工作一段时间后会产生成像结果泛黄的现象。由于长期不断暴露于太阳光和辐射环境中,卫星传感器逐渐老化,任务开始几年后所产生的图像将无法辨认。

6.2.2.2 网络威胁导致图像颜色属性被更改

网络攻击可以产生与前一节中成像本身几乎完全相同的问题。攻击者获取访问航天器的权限后,可以简单地更改已经拍摄并存储在航天器硬盘上的图像颜色属性,待图像下传地面后,地面人员看到的图像泛黄,好似由于相机被阳光损坏一样。不过,从网络角度看,这种攻击并非针对成像任务的唯一选项,因为影响成像任务的潜在方式有很多,比如更改相机对焦方式,使其无法拍出清晰的照片等。

6.2.3 对地热成像

对地热成像与对地成像任务类似,同样是使用任务载荷对地面热点区域进行拍摄。不同的是,对地热成像不是可见光成像,而是从热点地区捕捉不同的热辐射事物,生成地球上某地或某物的热图像。

6.2.3.1 任务面临的非网络威胁

实际上,敏感性较高的热成像任务面临的非网络威胁通常来自不可控或无法缓解的热源干扰,如地面野火。热成像传感器会受到浓烈烟雾和熊熊火焰的不良影响,无法准确探测到地下或地表的热源物体。例如,卫星试图捕获某个地区的人类热信号,而目标地区内的野火不仅威胁地区内人员的生命安全,也会阻碍热成像有效载荷在火灾期间发挥作用。

6.2.3.2 任务面临的网络威胁

与相机载荷相比,热成像载荷无法对焦的方式稍有不同,但本质上热成像载荷面临着与可见光相机载荷相同的问题。当攻击者控制带有恶意代码的相机无法聚焦于目标区域或完全丧失对焦能力,热载荷也会受到同样的影响。如果攻击者能够改变过滤器及传感器感知温度的方式,并最终反映到热图像中,则所有事情都可以被操控。在实施此类针对人员的热成像载荷探测任务时,攻击者可以使35~39℃之间的任何物体在输出图像上显示出与给定时间内地面常见热颜色相同的颜色。通过这种方式,传感器虽然仍能捕捉到地面人员的热信号,但是太空系统操作员看到星上下传的图像却是一片地面无人的空旷区域。

6.2.4 对地监视

当卫星飞越地球表面热点地区时,基于图像的感知载荷及时获取对地图像快照,而监视载荷则持续感知,以寻找触发事件,并记录相关数据。随着科学技术的不断发展,星载计算和存储能力不断提高,为持续执行任务提供了足够的支持。对地监视太空系统具备对地球表面某个视场或关注区域的持续监视感知能力。

6.2.4.1 任务面临的非网络威胁

监视传感器载荷持续工作,记录地球表面的视频图像。自然现象,如各种天气、火山喷发沉降物等,会阻碍对地观测任务的顺利完成,因为常规的可见光成像载荷无法透过密集云层或烟雾看到地球表面。实际上,对地监视也可能是为了识别和监测不同的天气现象,例如实时跟踪横跨地球海洋的飓风或海啸。

6.2.4.2 任务面临的网络威胁

用于对地监视目的的太空相机传感器,就像一部面对着地球的巨型安全摄像机,攻击者很容易就能设想出来针对该传感器的攻击方式。攻击者可以把通过载荷输出的视频记录写到不存在于航天器操作系统文件列表的位置上,事实上,数据根本没有被写入硬盘这种非易失性存储器中,造成载荷视频数据下传地面站受阻,太空系统操作者也将无法获取任务数据。更复杂的攻击方式是,攻击者用旧图像数据覆盖当前图像数据,以隐藏地面真实活动,使目标监视区域看起来像是正在发生或没有发生某事件。

6.2.5 空间监视

空间监视与对地监视特点相似,不仅是抓取快照,还要记录下来,或者最终获取对太空目标区域的感知信息流。

6.2.5.1 任务面临的非网络威胁

空间监视系统面临着来自太空中其他方面的威胁,导致记录的传感器受到污染或干扰。例如,一颗用于观测双脉冲星的卫星,通过读取辐射闪光来判断时间,并勾画出其在太空中的图像等。任何超出脉冲星发出的常规信号的事件,都可能破坏传感器的计时功能,从而影响航天任务。同样的道理,也适用于面向太阳的探测传感器。该传感器用于监测太阳耀斑和其他距离地球较近的恒星发出的危险散射物质,为地面电子设备和基础设施防护措施提供告警和反应时间。在遥远空间爆发的强烈辐射会影响太空环境事件发生时航天器探测传感器的读数,强辐射甚至会对航天器及其传感器造成损害。

6.2.5.2 任务面临的网络威胁

针对此类监测传感器的网络攻击可以改变传感器记录太阳耀斑等环境事件的触发门限,或者篡改存储在航天器中已经记录的环境事件数据。这类攻击使航天器载荷未能记录太空环境事件,或者记录过多的虚假事件,以至于无法再执行任务。从太空作战角度看,这种网络攻击还可能针对的是用于探测地球轨道航天器发出干扰信号或其他电磁波的卫星。此类网络攻击若影响传感器工作或阻断传感器载荷数据下传地面,太空系统操作员将无法察觉到恶意干扰或其他空间信号释放的情况。

6.2.6 空间成像

空间成像是具有特定威胁的最后一种感知类有效载荷任务,类似于对地热成像和可见光成像传感器载荷,但所面临的威胁一般基于空间,而不一定是来自地球。

6.2.6.1 任务面临的非网络威胁

对于空间成像系统来说,著名的哈勃太空望远镜事件即为非网络威胁的典型例子。由于在地面建造安装时配置或焊接不当,某些成像设备如透镜无法完成校准,进入太空后不能正常执行任务。哈勃望远镜进入绕地球运行的工作轨道后,发现透镜无法聚焦在目标拍摄区域,为继续推进和维持这一任务,不得不通过载人航天任务派遣宇航员在轨开展设备校正维修。好在任务是成功完成了,直到今天,哈勃望远镜仍然在按照计划拍摄大量的太空恒星图像。

6.2.6.2 任务面临的网络威胁

像哈勃望远镜这样复杂的空间成像系统任务,如果恶意攻击者能够使其无法正确聚焦目标或识别位置,那么,该成像系统将几乎失效。攻击者可以改变器上设备处理目标位置的输入方式,使其对非预期目标进行长时间拍摄,或者改变器上为了获得良好成像效果而过滤外部光源的方式,使此类有效载荷的空间成像任务几乎完全失败。

6.3 发射信号类任务

以无线电波或光波形式发出信号而非接收信号的有效载荷为发射类有效载荷。与感知类任务相比,发射类任务的独特之处在于发射信号往往比接收信号需要更多的能量支持,而且带有发射类任务的航天器往往受功率分配限制,或对系统设计产生更大的影响,以满足足够的能量供应和电能存储需求。

6.3.1 导航

第一种发射类载荷是人们广为熟知的定位有效载荷。提供北美 GPS 信号、欧洲伽利略卫星导航系统信号、俄罗斯格洛纳斯卫星导航系统信号或中国北斗卫星导航系统信号的航天器都携带发射类有效载荷。用户接收到足够数量导航卫星的定位信号，才能获得良好的三角测量和定位数据。

6.3.1.1 任务面临的非网络威胁

针对导航卫星的非网络威胁是多种多样的，如果在接收机视野范围内可见的导航卫星数量不够，或接收到的无线电导航信号强度不够，那么就无法实现三角测量。接收机通常需要收到至少三颗卫星的导航信号才能完成定位。当一颗或多颗卫星被基于空间的威胁所破坏，或者接收机位置过于靠近导航星座信号覆盖区的边缘，则无法获得可靠、持续的定位信息。例如，在俄罗斯东北部，GPS接收机有时能够根据GPS星座的三角测量来定位。GPS星座在北美有一个预设的导航增强区域。然而，如果接收机远离该GPS信号增强区域，就可能会无法持续获得足够数量的导航卫星以及足够强度的导航信号。

6.3.1.2 任务面临的网络威胁

和之前讨论的任务失败以及针对空间导航系统的威胁相比，恶意发起网络攻击的对手可以实施更加危险的行动。非网络威胁通常会使导航发射器无法使用，网络攻击可能使其发出虚假数据。接收机的定位通过导航星座中多个航天器有效载荷发出的信号进行三角测量而实现。如果航天器广播的导航信号与其当前位置不一致，数据不正确，接收机就不可能进行精确的三角测量，定位信息均不可用。如果攻击者精心设计并广播虚假的导航电文，将导致地球海洋航道上许多商业和军事舰船发生碰撞或搁浅。

6.3.2 干扰

发射类有效载荷所面临的另一种威胁已经在干扰器的例子中讨论过。搭载干扰载荷的航天器用于阻碍其他航天器或地面系统的通信。实施干扰的目的可能是阻止某类探测、通信，或阻止武器系统定位打击目标。

6.3.2.1 任务面临的非网络威胁

从非网络角度考虑，发射类载荷成功干扰接收机的最大威胁是，干扰开始后，目标就可以采取措施减轻干扰，并根据需求继续运行。干扰可以是全向的，也可以是定向的。当干扰信号为全向时，干扰强度不会非常强。接收机在干扰边界移动或者远离干扰源,仍能正常工作。这对于干扰任务而言是一种威胁。当干扰信号为定向时,信号比较强,但接收机位于干扰信号指向方向之外时仍能够正常工作。最后,通过增强通信发射方信号强度的方式压制干扰信号,会削弱干扰效果。

6.3.2.2 任务面临的网络威胁

通过改变星载代码对干扰任务构成威胁的网络攻击将以类似于威胁信号感知任务有效载荷的方式进行。基于软件定义无线电技术运行的干扰载荷同样容易被攻击者篡改设置。利用软件定义无线电发送干扰信号的单一卫星载荷,即可在任何时候通过修改配置来实现干扰一组不同的信号。相同的事实意味着,攻击可以稍微改变干扰信号,使得干扰对目标基本上是无效的。在这种情况下,干扰载荷操作员无法轻易验证干扰是否有效,因此,可能浪费有效载荷任务的寿命,误以为在对目标实施干扰,实则并未成功实施。

6.4 通信任务

通信载荷有两种类型,但与通信本身的功能有很大不同。在轨运行期间,卫星与地面站之间采用双向通信方式。航天器通过星地通信链路接收地面飞行控制指令、载荷任务指令等。相应地,航天器下传载荷数据,供太空系统地面操作人员使用。这种双向通信关系本身并不是一项任务,而是航天器的一种功能。

6.4.1 广播

广播类有效载荷是通信的两种任务类型之一。在该任务中,航天器接收来自地面站太空系统操作员的任务指令或通信数据流,但由此产生的航天器下行通信信号覆盖范围极大,使覆盖区域内的所有或部分空间航天器以及地面大范围热点地区都能够收到信号。

6.4.1.1 面向任务的非网络威胁

广播类有效载荷的一个例子是卫星无线电广播。在这类任务中,无线电信号从地面站发往航天器,同时,航天器向大面积区域如北美地区发送信号,使该覆盖区内的卫星无线电接收机都能够接收到信号,播放出音乐。这与GPS卫星向整个北美地区发送 GPS 导航数据信号,使整个大陆能够进行定位非常类似。这种有效载荷的非网络威胁包括阻止卫星收到任何地面信号,或者阻止卫星向热点区域带有接收机的用户发送信号。这类任务的有效载荷不同于许多其他任务,除了需要提供一对多的卫星无线电信号媒介外,而无须在航天器上进行大量的任务处理或活动。

6.4.1.2 面向任务的网络威胁

与针对 GPS 卫星的网络攻击有可能造成定位数据不正确,从而导致接收者定位错误类似,针对广播通信卫星的攻击者也可以在网络领域改变接收机工作动作。能够访问卫星操作系统的攻击者可以在任何给定的时间间隔内向所有无线电接收机广播"取消订阅"的信号,使用户觉得自己是由于未支付费用而无法收到信号。如果受影响的频率范围非常广泛,卫星无线电信号的所有用户都将无法收听到无线电信号,对于用户而言,这些卫星的任务载荷基本上将无法发挥作用。卫星无线电广播载荷,甚至卫星电视有效载荷也可能遭受网络攻击,攻击者可能会传播虚假信息,向公众散播诸如城市会遭受核打击或其他攻击与摧毁的消息,引起一个国家的恐慌。

6.4.2 管道

广播通信载荷是一对多的模式,而管道通信载荷提供一种透明转发通信链路。这是通信卫星的典型任务模式,为地球上的两点之间提供卫星中转通信线路,适用于海底电缆无法连接的遥远大陆,以及无法连接通信线路的使用场合。

6.4.2.1 面向任务的非网络威胁

与其他通信载荷类似,阻止管道两端的卫星与地面站通信的非网络威胁将使通信任务失败。在广播任务中,接收机必须在发射机信号辐射范围内才能使用,同样地管道有效载荷需要两个地面站,在通信时都必须在波束信号范围内。这就是说,只有当卫星系统是一个视野开阔的高轨卫星或是一个组网卫星星座时,信号才能通过管道进行有效传递。

6.4.2.2 面向任务的网络威胁

管道通信载荷本质上是两个卫星地面站之间通信的路由设备,接收来自这两个卫星地面站的双向通信信号。具备访问卫星能力的攻击者可以通过篡改航天器的许多配置参数来阻止通信。另外,攻击者能够实施窃听,即将双方之间的通信转发到第三个恶意地面站。如果没有注意到卫星参数设置的变化,地面上的太空系统操作员将难以发现通信管道发生了蓄意信息泄露。

6.5 武器任务

涉及航天器的空间任务系统更像是科幻,而非现实,但事实上是太空领域已日趋武器化。通常,有两类武器属于太空系统的范畴。一类是穿越太空直至结束于地球表面。典型例子是洲际弹道导弹(intercontinental ballistic missile, ICBM)、高超声速武器。洲际弹道导弹从地球上的某处发射,进入太空,然后再入返回地面。高超声速武器从太空再入地球、打击目标前可能会绕地球飞行多圈。

另一类武器系统长期在轨驻留,用于攻击地面目标,或者是航天器携带武器,用于打击其他太空系统。历史上,这两种航天器可能配置干扰机作为武器,成为电子战作战行动的一部分。特别需要注意的是,无论是否属于动能武器,能够在太空或通过太空实施作战行动的武器,正逐渐成为网络攻击的目标,所有太空系统都是如此。事实上,在寿命期内,太空武器有很长一段时间运行在太空轨道上,这意味着至少在某些时候,基本上不可能采取物理可接触方式来防止针对此类太空系统的网络攻击行动。

6.5.1 面向任务的非网络威胁

具有作战行动任务的太空系统受到威胁的例子是,在武器完成打击任务前被拦截弹拦截或摧毁。与洲际弹道导弹几乎同步发展的是反弹道导弹武器系统,它能够在导弹发射起飞到击中目标之间的飞行过程中的进行拦截。其他类型的武器也有其特有的威胁;正如前文所述,干扰机可能因反干扰技术而失效,任何部署在轨道上的动能或电子类武器都有遭遇其他太空或地面动能系统攻击的风险。

6.5.2 面向任务的网络威胁

与反卫星导弹这类的动能武器能够终止卫星武器载荷任务类似,任何攻击航天器本身而不针对任务的网络攻击也能产生同样的效果。更可怕的是,对于卫星或其他航天器上的武器系统载荷,攻击者利用网络手段控制航天器,改变打击目标,锁定其他地面实体,并最终实施发射,来阻止本国遭受此类打击。在这种情况下,恶意网络攻击可能会违背天基武器所属国的意愿,另外,这些行为从本质上还可被视为发动战争,并产生深远影响。

6.6 生命支持

人类在太空生活曾经是NASA等机构和国外同行的一项独特任务,现在提供太空旅行服务的私人商业公司也加入其中。在由政府负责、测试和评估的载人航天飞行器与空间站建造运营领域,出现了由私人公司独立或多方合作制造运营的载人航天器。

6.6.1 面向任务的非网络威胁

历史上,世界各地都发生过由于发射、再入大气层及空间环境问题导致航天员殒命的悲惨事件。执行载人任务的太空系统的独特之处在于,它既要把航天员平安地送往太空,也要把航天员平安地送回地面。某些返回地球的太空系统的武器载荷并不打算在任务结束后保留航天器。而另外,航天飞机或太空旅行航天器必须在进入太空的同时,确保乘组人员毫发无损地返回地球。航天飞机及搭载的所有航天员在发射过程中遭遇爆炸,航天员在重返大气层时丧生,航天器在太空中解体导致航天员死亡等,都是生命支持系统面临的非网络威胁的事例。

6.6.2 面向任务的网络威胁

所有非网络威胁的例子都是由于负责防止发生灾难的物理系统失效而导致的。太空系统数字化和新兴太空旅行产业的真正可怕之处在于,如果网络攻击破坏了航天器上一个或多个系统,那么所有负责让人们在航天器上生存并安全返回地球的计算设备,都对这些人员的生命构成潜在威胁。科幻小说中,宇宙飞船上的电脑以某种方式与机组人员作对的例子比比皆是,我们正在接近一个可能出现这种情况的时代,网络安全人士和航天技术人员应该尽早共同面对和解决这个问题。

6.7 其他任务威胁

本章之前所有的例子,都重点关注任务有效载荷本身如何受到网络和非网络威胁,还有一些不可知的威胁将对任务载荷能力产生影响,但并不一定影响航天器的在轨寿命。

6.7.1 滥用监视器

我们已经讨论过监视器,其目的是帮助航天器自主恢复功能或应对威胁。在有权访问航天器的情况下,攻击者通过以某种速率反复触发监视器,很容易实现阻止有效载荷执行任务的网络攻击行动。不断触发飞行计算机重装操作系统,不会阻止航天器与地面通信或完成某些飞行功能,但是可能阻止载荷任务获得所需的信息或位置数据。

6.7.2 平台/载荷通信

无论何种任务类型,航天器平台和有效载荷之间的通信也是对任务载荷本身的潜在威胁。任何通过网络或非网络手段阻止平台与载荷之间的通信,都意味着虽然有效载荷任务是按照预期执行的,但是该任务产生的数据可能无法下传到地面,也就永远不会被其太空系统操作员或用户所使用。对于已经讨论的大多数任务而言,这将极大影响航天器及其载荷实施任务的能力。

6.8 小结

本章介绍了太空系统运行的一系列任务,阐释了专门针对执行太空系统任务的有效载荷硬件与软件的威胁,包括描述针对任务的非网络威胁,以及拥有访问权限的恶意网络攻击者攻击任务的一种或多种方式。本章的关键结论是,基本上任何类型的航天器都会受到网络攻击的影响,通过网络域可以对太空系统产生类似于航天任务非网络威胁的效果。

第 7 章
系统运行前的威胁

前面讨论了航天器和航天任务面临的威胁,本章将讨论这些威胁可以通过哪些途径发挥作用和显现效果。当攻击者做出恶意网络行为时,所构成的威胁具有充分的目的性。然而,许多非网络威胁的情况也可能实现某种目的,但此类威胁可能来源于太空环境或太空系统运行时的偶然事件。

有关威胁的叙述方式与前述章节类似。网络攻击行动一般由带有恶意目的的攻击者发起,在攻击过程中可能伴随着带有目的性的恶意行为和意外事件。太空系统在运行前面临的威胁是指在航天器发射、部署和运行前,针对航天器设计、研发和测试等环节,采取多种手段破坏航天器或太空系统其他组成部分的机密性、完整性和可用性,从而影响后续航天器在轨载荷任务的攻击威胁的总称。太空系统运行前阶段可施加的网络威胁手段方式丰富多样,能够直接作用于太空系统及航天器本身,进而影响整个航天任务。在此阶段后,任何类型的威胁均无法通过典型的物理直接接触方式影响已经在轨运行的航天器。

这同时也表明,我们有机会作为运营人员和安全专家来监测和发现针对太空系统的恶意行为,而且仍然能够通过物理手段与航天器进行直接接触,并有可能在任务实施前进行干预和修复航天器。本章不会特别指出所讨论的威胁是针对特定任务载荷还是一般的航天器。读者可结合第 5 章"航天器面临的威胁"和第 6 章"航天任务面临的威胁"的相关内容进行理解。

7.1 设计

太空系统运行前受到的威胁首先始于设计阶段。虽然这并不代表太空项目在征询方案及其他合同约定的合作阶段中不会面临威胁和风险,但可以肯定的是,设计阶段作为论证、完善并固化最终系统建设研制方案的阶段,是攻击者首个可以直接对航天器和太空系统构成威胁的环节。本章将重点介绍网络和非网络场景下,设计阶段及后续阶段面临的威胁,及其如何对机密性、完整性和可用性这三个传统安全要素产生影响。

7.1.1 设计阶段的机密性

在设计阶段,设计规范等机密信息的外泄意味着失去竞争优势,甚至损失国家资源。因此,针对太空系统运营前设计阶段的威胁,虽然发生在太空系统生命周期的早期,但其影响是非常显著的。

7.1.1.1 针对机密性的非网络威胁

任何系统的设计方案都是机密的,尤其对于敏感且竞争激烈的太空系统更是如此。传统的人为盗窃事件是一种常见的威胁。窃贼入侵涉密场所,窃取硬盘、计算机、电子版方案和演示文稿等设计资料及存储载体,这是太空系统设计机密性面临的真正威胁。然而,太空公司或政府组织被外部人员非法入侵的事件相对罕见,通常是内部人员所为。盗窃者可能是一名心怀不满的雇员,还可能是一所大学或研究中心的职员,或是参与研究项目工作的外国公民,蓄意隐瞒意图并打算把设计方案带回自己的国家。内部人员的有意盗窃行为或无意泄密事件都会使重要的设计方案外泄,产生极其严重的恶劣影响。

7.1.1.2 针对机密性的网络威胁

通过网络手段窃取太空系统或航天器设计资料的好处在于攻击者仅需简单复制即可,在非必要情况下不会有明显破坏计算机的痕迹,并且不会改变原始文件的存放位置,相比而言不易被发现。网络窃密者在获取远程接入访问权限后,可通过互联网在世界上任何地方窃取重要设计方案的副本,并且在操作系统上不会留下复制文件的痕迹。内部人员也可以利用网络窃取文件,通过将手机接入办公电脑,然后借助手机移动网络将窃取的数据文件传输出去,无须携带存放机密文件的硬盘等存储设备离开现场,从而实现机密设计文件的无痕"偷渡"。

7.1.2 设计阶段的完整性

设计阶段是影响航天器或太空系统其他部分完整性最早,也可能是威胁最大的时期。设计阶段对完整性的恶意篡改很难在系统生命周期的其他阶段被发现,这将对航天器造成严重的潜在危害,并且最终会导致太空任务的失败。

7.1.2.1 针对完整性的非网络威胁

任何有意或无意地对航天器设计计划进行的更改,都会影响系统建设过程中在该时序节点后的步骤。设计被篡改导致部分工序错误,某些内容被改变使航天器设计初期出现错误,甚至整体设计失败,将会给太空系统带来巨大的风险。鉴于在系统研制过程中的回滚测试时会验证设计方案与实际系统的一致性,设计阶段的完整性问题将有机会被整合,并在后续环节得到确认,但前提是此类完整性问题能被测试和评估程序发现。

7.1.2.2 针对完整性的网络威胁

通过网络手段替换与更改设计方案文档是一种更加有效地威胁设计完整性的方式和途径。在非网络攻击情景下,任何设计上的错误,甚至对设计文档的恶意篡改都会在大量的检查、复核过程中被发现,但通过网络渠道的恶意攻击就可以在文件和方案充分验证和固化后,对方案文档进行修改,规避了验证复核的校验机制。例如,攻击者不需要篡改设计规范文档,只需要具有对 3D 打印计算机的访问权限,即可操纵 3D 打印机更改 3D 打印设计。

3D 打印的原始输入设计文档可能是准确的、符合预期的,但是,文件被发送到打印机后对人而言将变得不可读。攻击者可在打印文件创建和读入过程中篡改或替换内容,导致部分内容在某种程度上不符合规范要求,并且设计者不知道打印机读取的文件内容是不准确的。在这种情况下,只有在打印前进行测试才能发现和定位错误,否则即使查阅设计文档也会得出正确无误、符合预期的结论,但是在打印机接收、处理设计文档的过程中,设计内容的完整性已经遭到了破坏。

7.1.3 设计阶段的可用性

具体到设计阶段,可用性是指太空系统研制单位与人员对设计规范文档的可访问性和可使用性。由于设计资源在整个系统生命周期中都是必要的,后续可为航天器在轨运行过程中故障排除提供参考,因此需要满足太空系统运行前和在轨运行期间对设计资源的可用性需求。

7.1.3.1 针对可用性的非网络威胁

非网络因素对设计资源可用性的影响较大,但是这种可用性影响主要归结于错误或不当的冗余计划。像异地备份和冗余资源等措施可以减轻自然灾害、人为故意纵火行为等对已有和在建系统设施的破坏和影响。在分析已有资源风险和潜在威胁的前提下,对系统设施和人员进行风险预防规划可降低突发情况对资源可用性的不良影响,提高资源的生存能力。

随着系统在生命周期各个阶段的迭代,风险也会发生变化。设计资料文档等在实际设计阶段和后续开发中是不可或缺的,若在该过程中发生设计资源不可用的情况,系统建设工作只能重新开始,待设计工作具备条件后才能开展后续的研制建设工作。若这些设计资源无法用于故障排除或解决问题,则可能会对太空系统的运行产生影响。然而,在这个阶段设计资源不再是决定整个太空系统任务成败的关键因素,其影响会随着系统运行过程的推进和持续深入而逐渐减少。

7.1.3.2 针对可用性的网络威胁

从网络攻击的角度来看,对于多重异地备份的设计资源,其所在位置越多,攻击者可利用和追踪这些机密资源的潜在攻击面就越大。另外,如果设计资源存储在多个地方,网络攻击者在试图破坏其可用性的过程中,必须同时影响多个不同的网络目标,以达到整体可用性降级的效果。为达到这样的效果,一个简单的手段就是删除存储在计算平台上的设计文件和资源。因此,为了完全破坏设计资源的可用性,远程访问攻击者需删除项目涉及的所有副本;同时,从攻击手段来说,远程网络攻击比一个非黑客类的内部威胁更容易实现,网络黑客不需要到物理现场作案,而后者需要亲自到每个备份站点去逐一删除文件。

7.2 开发

运行前的开发阶段是利用设计资源研制实际的航天器和其他太空系统的过程,包括硬件组件的筹备、建造和组装,以及程序代码或配置软件的编写或上传等工作。

7.2.1 开发阶段的机密性

在太空系统生命周期的开发阶段,机密性的丧失一方面影响系统的竞争优势,另一方面将导致潜在漏洞和攻击面暴露。攻击者能够利用泄漏的某机密信息实施网络攻击,对系统造成严重影响,如重要部件的组装方式或部分软件代码的工作原理。因此,在设计阶段丧失机密性会使太空系统暴露出具体漏洞,系统整体会变得非常脆弱。此外,针对在这一关键时刻的泄密,对手可针对军用航天器的功能和性能进行研究、制定反制措施和应对策略。

7.2.1.1 针对机密性的非网络威胁

相比于从外部实施恶意网络攻击行动窃取机密,尚在研发过程中的系统机密性损失可能因参与太空系统研发项目且掌握着机密信息的人员发生泄密造成。高度熟练的专业工程技术人员和太空系统专家在项目建设过程中极为重要,其岗位人员需求数量远少于实际从业人数。这意味着,在项目研发过程中,不同组织或公司的员工会在不同项目的开发小组中兼职。专家技术人才的竞争十分激烈,各航天组织通过提供更丰厚的资金支持、更高级复杂的项目、更好的工作场所和地点,吸引不同的技术岗位人才参与到该太空系统研发项目中。

当工程师等技术专家人员离职时,就会带来失泄密风险。为避免此类事件的发生,组织或公司可以行使法律权利,与离职人员签订保密协议和就业禁止协议,采取法律手段维护权益。这种预防措施依赖法律上的约束力,并假定受损失一方有能力或资源采用法律维护权益。团队项目成员流失导致技术能力不足是现实的危害,需要通过非网络安全类的措施和法律手段来预防和规避风险。

7.2.1.2 针对机密性的网络威胁

在远程网络攻击的协助下,攻击者没有必要依靠"挖走"团队成员来获得技术资料。网络攻击者可以渗透目标组织中足够多的系统,从根本上获得和被入侵组织相同水平的技术材料,进而发现系统研制工作中存在的漏洞。

网络攻击者可入侵、渗透组织成员的计算机、手机、笔记本电脑乃至安全系统,从而获得设备的麦克风、摄像头的使用访问权限,进而获取零件组装、订购关键系统的一手资料,整个开发过程将完全暴露在黑客的视野之中。当一名团队成员被"挖走"时,原公司可以关注该成员加入新机构后,该机构是否研发或生产出疑似抄袭或仿制的产品,并可据此起诉,以维护自身权益。比团队成员跳槽更糟糕的是,除了检测到和发现网络入侵事件以外,网络攻击没有明显的迹象,管理者和开发者无法掌握开发阶段可能出现的机密性损失情况。

7.2.2 开发阶段的完整性

开发过程的完整性是能够按照设计阶段的构想路线进行研制,达到太空系统最终运行任务目标的能力。任何对开发阶段完整性的损害都可能造成不可靠的装配、不合理的设置或错误的组装,这些不利因素将导致航天器及其配套系统难以满足空间运行的严格标准和要求,影响航天器和整个系统的工作性能。例如,失效模式效应与危害度分析(FMECA)本质上是对系统中可能发生的故障的评估,而攻击者却将 FMECA 作为寻找航天器失效途径的线索。

7.2.2.1 针对完整性的非网络威胁

错误是开发过程完整性面临的最大威胁之一。任何组织流程上的疏忽或偶然事件将导致太空系统的研制脱离既定计划和预期,开发的完整性就会受到损害。例如,工人使用各种螺丝和接合件对航天器组件进行紧固的过程中,未遵循工序标准要求,将其中几个螺钉安装过紧,导致螺钉比预期设计扭力大,在测试过程中,航天器会因发射振动、极端温度环境影响发生材料形变而产生异常振动,造成航天器部分或完全的物理受损。

7.2.2.2 针对完整性的网络威胁

前面已经讨论了对计算机具有远程访问控制接入能力的网络攻击者如何篡改 3D 打印机输入配置文件,进而改变组件的物理尺寸指标。在研制开发阶段,任何与研制相关的问题,攻击者可重复利用相同的攻击面达到攻击目的。例如,攻击者可在材料打印过程中添加不同的复合材料,这样生产的航天器零件在尺寸上与设计要求匹配,但无法满足发射前测试、发射过程和在轨运行的应用条件。

7.2.3 开发阶段的可用性

开发过程中的可用性是指零件、组件和有关设置能够及时满足生产流水线的需求,以正确地装配航天器和太空系统设备。各种部件或小配件的不可用会影响研制过程的流程,导致航天器错过预先指定的发射窗口,或未能及时满足卫星工程建设的应用需求。除了影响这些系统及其数据用户外,开发阶段的可用性对研制方和供货商也有很大的影响,企业不愿因不良的声誉影响他们在此太空项目之外的其他业务。

7.2.3.1 针对可用性的非网络威胁

虽然航天产业发展迅速,但航天产业的生产和供应基础仍然相对薄弱,可选空间十分有限。这意味着特定类型的设备只能由少数公司中的某一家生产,而这些公司可能规模较小,订单积压严重,组装航天设备、完成部件集成工作所需的专业知识有限,这些都是开发过程的潜在瓶颈。如果供应商的生产工厂、装配车间等发生故障或受损,极可能导致停产,即使有另一个备份供应商,也可能因时间紧迫而无法采购到相同的产品。小型供应商或集成商面临的另一个困境是许多航天级加固部件生产备货周期较长,在某些情况下可能超过一年,而在这个时间段内出现的任何问题都可能会破坏太空系统的开发过程,甚至将项目推迟一年。

7.2.3.2 针对可用性的网络威胁

在非网络案例中,物理问题成为阻碍太空系统组件生产组装的主要因素,而网络攻击者可通过一个不太明显的手段给系统带来风险。攻击者可以攻击安全性远低于航天器研制公司或政府组织的小型供应商,通过攻击这个小型机构破坏整个工程项目。

黑客不采取直接远程入侵大型联合组织来影响太空系统开发的攻击手段,而选择攻击较长备货期的小型供应商,将目标的订单取消或将订单放在一些虚假订单之后,延长供应商的设备交付周期。事实上,一个国家的航天产业可能会受到另一个国家的制约,当一个国家在拥有足够多的财力的情况下,可通过向供应商订购大量的长备货期产品的方式变相阻碍他国航天工业的发展,因为大量的订单堆积意味着新的订单只能在几年后才能交付。

7.3 供应链阻断

供应链阻断是指开发过程供应链中的某些货品交付过程被有目的地损害或阻碍,供应链的主要产品包括航天器相关配套设备、地面测控站组件等。由于航天产业有限的供应商和技术基础,从供应链的角度进行干预的手段已经较为成熟。由于航天产业相比其他行业的供应商数量更少,攻击者可以通过调查确定哪些供应商正在为哪些组织提供服务,从而在小范围内搜寻供应商漏洞,以影响太空系统的研制进程。

7.3.1 供应链的机密性

机密性表现为对未授权个体的保密能力,即对订单内容、供货方、收货方,以及货物运输过程中所经过的位置的保密手段。机密性的破坏意味着攻击者可以针对特定的空间组织或系统定制极其精确的供应链阻断计划和措施。

7.3.1.1 针对供应链机密性的非网络威胁

一个简单的机密性非网络威胁例子是项目信息被从物理层面窃取,丢失的信息包括供应链各方面的物流信息。与网络攻击者相比,它可通过相对容易的手段来攻击供应链的机密性,通过对供应商或目标组织的监视和拍照,很容易获取何种类型的零件从哪里发货,又运往哪里的情况。

7.3.1.2 针对供应链机密性的网络威胁

当今的物流、运输和配送系统与其他行业一样都已实现数字化。远程网络攻击者可针对第三方或第四方供应商,甚至仅仅是针对航运服务展开网络攻击,便可在目标组织不知情时破坏供应链信息的机密性。通过网络途径实现的情报信息搜集,与非网络途径实现的效果一致,都能够为截断、封锁供应链提供必要的情报。

7.3.2 供应链的完整性

影响供应链的完整性是指在供应链创建和运行过程中的某一时刻,项目设计或内容因某种方式被篡改。保证供应链的完整性的前提是必须掌控提供给系统最终装配的每个部件的每个步骤。但当人们深入调查、了解有多少供应商在为其他供应商提供设备的部件、零件或材料时，部件组装过程的掌控可能是一个很难实现的问题。对于太空系统的研制建设，从焊接工艺到天线合金材料的完整性，每个组件的完整性与组件的装配、开发和设计过程一样重要，最终都会影响太空系统，而整个供应链过程的完整性影响着太空系统的可操作性和系统寿命。

7.3.2.1 针对供应链完整性的非网络威胁

传统的供应链阻断是指在货物运输或存储过程中，以某种方式对货物或部件进行改造或替换，修改后的组件将沿着物流管道移动到装配车间，最终组装成成品。在供应链阻断的竞争中，既有在反篡改技术和篡改检测之上建立的安全企业，也有与之相对抗竞争的国际黑客组织。为阻断供应链，攻击者可在组件运输过程中向硬件植入木马病毒，进而在由该硬件组装成的系统运行过程中激活木马病毒，致使系统运行过程中电力中断，从而阻碍系统正常运行。以上只是通过实际接触方式来更改和替换供应链环节中的一种方式。

7.3.2.2 针对供应链完整性的网络威胁

通过网络手段能够在某些方面相对容易地实现供应链阻断。攻击者可以在不潜入装配车间的情况下，通过远程接入的方式修改航天器部分器件中已经固化的软件程序，而不必闯入仓库物理替换正常部件。航天器的程序开发员需要很长的周期完成航天器操作系统的安装和有效载荷的配置工作，但网络攻击者仅需几分钟接通并访问已经安装和配置好的飞行控制计算机，就可以影响整个航天器在轨部署运行状态。这个例子说明了高级网络攻击手段不会损坏航天器的外部结构，具有攻击的潜伏性，提升了网络攻击检测难度。另外，也说明了网络测试和评估的重要性，是确保航天器程序代码正确性和完整性的有效手段，是航天器测试评估的重要环节。

7.3.3 供应链的可用性

各种供应链的可用性面临与系统开发资源可用性类似的风险。对供应链可用性的任何影响也将影响随后的开发过程。此外，当前航天工业由于某些项目或环节缺乏备份选项,供应链的脆弱性问题可能会使整个项目无法正常有序地推进。

7.3.3.1 针对可用性的非网络威胁

针对供应链可用性的非网络影响在本质上并不复杂。攻击者的目标不一定是偷偷地用一个有问题的零件替换好的零件,对供应链的攻击仅仅是为了延长产品交付的周期或者完全阻止产品交付。

如果航天器某一组件在运输途中意外丢失,该情况会与损害供应链完整性达到的效果一样,都会对太空系统的建造周期产生影响,并且比花费大量精力去破坏供应链完整性的方法成本更低。以卫星组网任务为例,构成星座的多个航天器的同一组件通常由同一供货商提供,同一个集装箱运输,若该集装箱在运输途中丢失,则必将导致航天器组装周期延长,错过多次发射任务,甚至造成整个航天计划被取消。

7.3.3.2 针对可用性的网络威胁

与机密性一样,生产和运输业务的数字化意味着远程网络攻击者有能力通过改变收货和寄件地址来影响供应链。例如,网络攻击者通过更改寄件地址和运输单号等信息,将太空系统建设项目中生产周期长、价格昂贵的精密部件蓄意运送到远离正确目的地的地方,这必将会导致航天任务建设计划停滞。更可怕的是,这些部件有可能最终以某种方式运送到竞争对手的组织或敌对国家手中。

7.4 测试验证

最初讨论太空系统正常运行所面临的挑战和障碍时,涵盖了这些系统所面临的许多环境限制和约束。为确保太空系统在太空中正常运行而进行的测试、评估和验证过程本身就是航天器及其组件需要完成的一项重要活动,但测试验证环节本身也存在着影响系统最终效能的威胁因素。

7.4.1 测试验证的机密性

航天器的各种承压测试数据、组件功能性能测试数据以及验证数据等都是航天器检验评估的重要资料。若攻击者或者竞争对手掌握这些机密资料,一方面可以为其提供技术参考,使其了解如何设计出性能更佳的系统;另一方面可以根据掌握的系统能力情况或者环境适应性数据,设计针对该航天器的攻击手段。

7.4.1.1 针对机密性的非网络威胁

在航天器测试验证期间,航天器和地面测控设备的通信方式是一项重要的检查内容。构成航天器通信链路的软件定义无线电、调制器、解调器和其他通信设备都需要经过测试、配置修改和微调改进,以确保地面天线和航天器天线间信号收发正常,工作协同配合。

由于航天器和地面间的信号在空间开放传输,在测试验证过程中使用的校准和观测信号可能被附近其他天线侦测接收,用来设计电子干扰信号。这是一个不可避免的风险,攻击者根据获取的无线电信号详细参数将能够对天地通信链路实施干扰和阻断。

7.4.1.2 针对机密性的网络威胁

攻击者通过扫描航天器星载计算机与太空系统设备间的网络通信开放端口,一方面可以发现潜在的通信路径,另一方面可以获取远程访问航天器星载计算机的脆弱点。网络攻击者基于挖掘分析得到的结果,不仅会获得一个最终实施攻击的路线图,而且会获得以航天器星载计算机为中心,在特定航天器软件版本的软件漏洞甚至是未知 0-day 漏洞,这将有助于攻击者开发具有针对性的网络攻击武器,严重威胁航天器运行安全。

7.4.2 测试验证的完整性

太空系统测试验证过程的完整性强调对测试检测过程和结果数据的保护。完整性的破坏是指在对系统或组件进行测试的过程中,没有充分开展项目测试,并且存在部分设备漏检的情况。即使测试过程符合正常规范,但由于检测环节设计不合理,测试或评估结果的完整性仍然可能遭到破坏。

7.4.2.1 针对完整性的非网络威胁

航天器投入运行前测试验证的完整性会受到测试验证技术、手段和条件的完备性程度和科学性水平的影响。当完备性不足、科学性不强时,物理试验验证的结果可能虽然令人满意,但是给太空系统带来极大威胁。例如,航天器测试验证环节通常会进行发射测试或射频（radio frequency，RF）自兼容测试，以确保航天器本身发出的辐射信号不会妨碍载荷信号在空间中的传输。

该项评估工作通常会在一个屏蔽间内完成。该屏蔽间能够抑制地面反射的干扰信号，提供一个基本上纯净的电磁测试环境。但是，如果屏蔽间内的传感器设备不够灵敏，无法探测到干扰有效载荷的各类噪声信号，或者航天器平台及有效载荷没有在正常工况下开展测试，那么测试人员会误以为航天器一切正常、符合设计预期，然而当航天器进入太空后，地面人员才发现传感器有效载荷受到干扰而无法正常工作。

7.4.2.2　针对完整性的网络威胁

网络攻击者可以影响任何在计算机上产生和存储的测试评估数据。不管是发射信号测试、温度耐力测试或其他测试场景，如果记录设备中的数据被攻击者预置的恶意软件篡改，航天器研制方和数据用户很可能在未掌握太空系统真实致命缺陷的情况下就决定实施发射任务，最终影响航天任务的在轨实施效果。

攻击者设计的恶意软件还可以用来增加使研制团队查找问题的工作量。例如，恶意软件可以触发发射信号失败或其他灵敏度测试失败的指示信号。此类问题的排查需要经过很长时间跟踪和测试才能定位问题、修复故障，增加的工作量一方面会使零件组装流程重新排序，另一方面会因工期延误错过发射窗口。网络攻击增加的工作量会对航天器设计研制周期产生巨大影响，甚至导致太空系统在运行前就失利。

7.4.3　测试验证的可用性

在航天器投入运行前的阶段，可用性失效意味着测试和评估过程导致航天器无法如期发射并投入在轨运行。航天器的开发和设计过程会经历数年，在最后几个月的测试和评估过程中可能会发生一些推倒设计方案或其他耗费数月或数年才能解决的问题。正如前面已经讨论过的，错误、虚假的测试评估结果会阻碍太空系统发展计划，导致错过多个发射窗口。

太空系统研制过程中的设计、开发、组件采购、发射和运营等环节都会耗费大量财力。即使经过多年的设计和开发，在将航天器送入太空运行之前，测试评估环节仍然存在失败的风险。这是航天器研制方和数据用户都不愿看到的结果。例如,由于某些物理缺陷,特种部队通信卫星的失效率很高。航天器在运行期间的失能故障可能是一个低概率事件,但是即使在剩余运行寿命期内只有5%的失效概率,对于依赖通信载荷的最终用户来说也是不可接受的。

7.4.3.1 针对可用性的非网络威胁

正如上面所讨论的,测试和评估过程会产生非预期结果,可能测试过程确实发现了设计方案的不足和缺陷,还可能虽然正确依规地进行测试和评估,但测试人员操作失误导致发生事故,造成了不可挽回的损失,甚至完全破坏了航天器。例如,在航天器冷热环境温度测试中,由于设备操作员不注意温度调控或安全检查的疏忽,航天器在测试过程中可能会被损坏。

虽然太空中温度变化极端,但冷热转变并不是立即发生的,故航天器并未设计经受极速温度变化的耐受功能。但航天器温度测试环境的温度可以快速调节控制,也可缓慢变化。如果设备操作员将由热到冷的温度变化速率设置过快,可能导致整个航天器硬件故障和失效。

7.4.3.2 针对可用性的网络威胁

恶意网络攻击有能力使航天器部件在测试评估期间受损。航天器的结构设计要求必须符合运载火箭发射过程的振动强度和频率特性。航天器振动试验主要测试在运载火箭发射过程中,航天器所受到的振动对航天器器件的影响。如果网络攻击者能够获得振动测试设备的远程访问权限,通过更改振动测试设备校准方式,让设备运行在与运载火箭振动固有特性不同的状态下,将导致航天器承受振动的能力与运载火箭指标不一致的验证结论。航天器不满足运载火箭发射条件,并且很可能在测试过程中受损。此外,在后续的调查分析过程中,测试和评估人员在查找未通过测试原因时也会感到非常困惑。

7.4.4 测试验证的一般限制

前面讨论了供应链阻断的概念,即航天器及其组件、零件攻击面被暴露给潜在的攻击者,这些攻击者试图尽力在航天器上安装存在问题的零件和组件。对于航天产业,供应链阻断是竞争者和敌人攻击系统的常见手段,以期在开发和组装阶段以某种方式毁坏或损害太空系统。但是,阻断并不限于供应链和组装过程。

航天器完成整装前必须经历多次运输和中转,直至抵达最终目的地。值得注意的是,航天器中转包括从航天器生产组装厂房到测试车间,再返回到厂房,转移到最终用户和(或)发射服务提供商。完全组装好的航天器在运输过程中的任何一个环节都面临着因运输车辆事故而被损坏的危险。这也是一个不可忽视的风险来源,必须加以应对。

7.5 小结

本章讨论了用网络和非网络手段危害太空系统正常研制和运行的各个方面。航天器组装测试前,由于攻击者可以采用多种手段接触到在地面上处于组装过程中的航天器,攻击者和防御者之间的博弈一直存在。通过例举在航天器设计和开发过程中的事件,强调了太空系统设计过程中的物理安全和网络安全的重要性,在设计、开发和测试阶段需要将此类防范手段固化,纳入航天器设计过程的关键事项,以确保太空系统的正常运行。

第8章
通信威胁

太空系统完成研制、组装与测试后,即结束了运行前的准备阶段,进入在轨运行的工作阶段。从整体上来说,太空系统在轨运行期间面临的威胁既存在于空间段,也存在于地面段。在第9章将讨论太空系统在轨运行面临的威胁。本章重点讨论通信方面面临的威胁,这是高安全性与高可用性之间的一场持久战,采用安全标准与措施提高安全性会限制系统的可用性和操作便捷性,同样,注重提升可用性也会制约系统安全防护标准的使用,因此,需要在二者间找到平衡点。而航天器的可操控性与可用性是任务目标和数据用户的基本要求,在开发和运行太空系统过程中处于优先考虑的位置,这也是太空系统应用合理性的重要体现。

8.1 天地通信

在早期太空系统建设中,地面操作员和航天器之间就已经存在多种形式的通信链路。随着时间的推移,天地通信技术日趋成熟,对无线电频率的理论研究越加深入,研发制造天线的水平能力不断增强。在天线和信号调制解调等通信专业技术发展的同时,地面站和航天器之间通信链路正朝着数字化方向发展,计算机技术在其中发挥了巨大作用,通信具有更多的灵活性和功能性,相应地也容易成为网络攻击者瞄准的可攻击面。

8.1.1 天地通信的机密性

一般来说，通信的机密性是典型的安全问题，通信内容只应被参与通信的双方或多方所知道，并且无第三方监听通信，这是通信参与方理想的通信场景。地面站与航天器之间的通信具有相同的理想假设，即非法第三方不能与航天器通信，也无法获取航天器下传的数据。

8.1.1.1 针对机密性的非网络威胁

如何保护天地通信的机密性、防范泄密风险是一个困扰通信的普遍问题。加密保护措施欠缺或不足将使机密性面临风险，给通信各方带来一种虚假的隐私安全判断，导致用户在知晓泄密事件发生之前，通信系统仍保持原有内部加密措施继续工作运行。

与保护通信本身一样，信息加密技术和密码破译技术的相互博弈由来已久。历史上早期军事和政治组织使用的加密方式技术水平极低，且只用于文字书写场景。当前的加密标准势必会在将来变得极易破解，就像最早的无线加密协议，现在使用钢笔和纸经过简单的计算即可被破解。因此，加密应当更多地被视为一种"减速带"，无论是由于标准设计不当或实现方法不当，还是落后的加密计算方法，通信方都应该准备在其私有通信不安全时更换加密技术路线。

由于与有线等其他媒介不同，地面与空间通信面临更多的威胁，虽然采取了加密措施，但空间传输的信号可以被轻易截获。加密信息本身暴露于大范围规律的通信会话中，攻击者可借此掌握密码模式并破译密码。

8.1.1.2 针对机密性的网络威胁

一般看来，攻击者在拥有足够的访问权限的情况下，在网络空间创造威胁通信机密性的条件，使私有和安全的通信在某一时刻丧失保密性。除了在第5章"航天器面临的威胁"和第6章"航天任务面临的威胁"已经讨论过的针对密钥和加密措施的攻击之外，存在着强制使航天器或地面站通信构成不安全、不完善的能力。太空系统通常配置有备份通信手段，采用不同的频率、技术体制以及信标，能够不受阻碍地传输信号。虽然这些备份通信手段使用航天器上其他功能的权限是受限的，但具有对航天器交互访问权限的攻击者可以采用欺骗方式使航天器切换到安全性较低的备份通信手段,然后用于与地面或空间的其他接收机和发射机进行通信。

8.1.2 天地通信的完整性

本节将概括介绍天地通信的完整性,即维护通信流发送和接收真实性数据的能力。如果在两个通信节点之间传输的数据被非法插入其他数据或篡改数据,节点之间的链路(可能还有节点本身)就不能提供通信的完整性。

8.1.2.1 针对完整性的非网络威胁

在非网络方面,完整性受损是机密性丧失的延续。一旦另一方已经破坏了通信流的机密性,并且有能力监听通信,就可能将非预期或未授权的通信数据发送给太空系统。如此,系统通信链路的完整性就会受到损害。航天器无法确定遥控指令来源的合法性,无法区分哪些指令来自属于敌人但已经具备与己方航天器通信能力的敌方地面站,这就导致天地通信不再有可靠的完整性。

8.1.2.2 针对完整性的网络威胁

能够通过网络访问组网星座中的一个或多个航天器的攻击者,引导这些卫星接收并非来自地面站合法操作员的命令,而是接收攻击者控制的地面站的任务指令。这样,通过操纵被攻击的卫星接收来自非法接入点的任务,在这种情况下,一个敌人的地面站即可使整个组网星座的通信和任务的完整性都遭到破坏,通过该方法不仅可以将非法指令传遍整个星座,而且可以用来获取星座载荷数据。非网络方式首先破坏天地通信链路的机密性,而网络方式实际上破坏了普遍的、广泛的机密性。

8.1.3 天地通信的可用性

天地通信的可用性是指建立并维持地面站与航天器通信流的能力。若没有这样的可用性,太空系统将无法以易于理解和使用的方式运行。即使像 Sputnik1 这样只是简单广播无线电信号的系统,只要其发出的信号能够在地球上被探测和接收,就可以认为其工作正常。更复杂的系统也是如此,几乎所有的现代航天器都需要实现天地双向通信的可用性,多数情况下用于控制执行载荷任务和下传数据。

8.1.3.1 针对可用性的非网络威胁

前面已经讨论过干扰问题的多个方面,及其对太空系统的威胁。基于地面站和航天器之间的通信威胁手段提供了针对太空系统的绝佳攻击途径。陆基干扰器相对航天器本身拥有无限的功率,地球轨道上部署的干扰专用航天器也可以阻断通信。在任何情况下,只要干扰能够成功使通信降级或者完全阻断通信,那么航天器将无法执行任务,不能进行轨道修正,也不能将有价值的情报和数据传输到地面用户。干扰不仅影响地面站与航天器之间通信流的持续性,而且可以对建立通信链路之初的握手过程进行干扰。

8.1.3.2 针对可用性的网络威胁

软件定义无线电为网络攻击者提供针对地面站与航天器通信链路实施进攻的更多机会和可能。通信双方都利用软件定义无线电技术来配置参数,通过各自的天线发送和接收信号,攻击者可能篡改这些设备的配置参数来影响数据流,并降低其保持通信链路的能力。针对地面站、航天器软件定义无线电的攻击目的并不是一定要完全关闭或通断天地通信,因为这将促使地面操作员感知到网络威胁并实施应急处置行动,而是采取轻微缓慢的降级方式,使一个或多个地面站和航天器之间的通信流不稳定,迫使操作员使用其他地面站,在操作层面避免使用有问题的地面站,从而影响了航天器或组网星座对地面的覆盖性和持久性。

8.2 空间通信

星间通信将成为太空系统面临的重大风险点,以及日益严峻的威胁攻击向量。组网卫星星座越来越普遍地用来完成多种任务,组网星间链路是新颖和独特的星座和组网通信结构,与天地通信链路一样成为重点关注的目标。许多低轨卫星之间的通信是通过空间星间链路实现的。非对等的星形拓扑结构也是利用星间链路实现太空系统内部通信,例如,多个较低轨道高度的卫星将数据发给较高轨道高度的卫星,再由较高轨卫星将数据回传地球地面站。

8.2.1 空间通信的机密性

空间星间通信的机密性本质上与天地通信机密性的需求和问题是一致的,并且存在许多相同的隐秘性危险。主要区别在于:在天地通信场景中,对卫星的恶意接入点是非太空系统运营方所拥有和操作的陆基地面站,用于实施与航天器的非授权通信;在组网卫星或星座的场景中,恶意接入点是被入侵的星座内部航天器或星座外部航天器,通过轨道机动部署到恰当位置,同时篡改组网架构内部的通信流。

8.2.1.1 针对机密性的非网络威胁

空间星间通信的非网络威胁涉及通信体系架构和协议两个方面。若太空系统未配置为点对点通信会话模式,而是使用广播模式同时与所有组网节点进行通信,那么这将是低效和危险的。组网内部的所有通信实质上暴露在开放空间中,易被其他航天器或地面站所截获,此外,航天器上能源将因所有设备持续收发通信信号而耗尽。这样的结果是由于没有考虑到采用该传输方式实施任务和相应通信协议的不利因素。通信协议的选择也有类似情况,应当采用面向连接的通信协议而非无连接协议。结合传统的通信传输协议,航天器网络架构应该利用类似于传输控制协议(transfer control protocal,TCP)而非用户数据报协议(user datagram protocal,UDP)的方式来规避问题。

8.2.1.2 针对机密性的网络威胁

上面已经谈到了网络攻击者替换加密密钥的实现方法,以及从发往地面站的通信数据流中整体或替换加密块,从而产生未授权传输,甚至通过另一个地面站控制航天器的恶劣后果。这对操作人员而言是一个相对容易发现的问题,因为地面站操作人员可能会发现其无法与在轨运行的航天器进行通信,也无法监视到其通信或接收其他任务。如果对星间链路实施这种攻击,太空系统将遭受类似的但不易被发现的入侵与破坏,使组网星座外部的恶意卫星能够接入内部通信。

8.2.2 空间通信的完整性

天地通信链路完整性问题类似于地面网络通信问题,不同的是,实施未授权行为或篡改传输内容的实体是被攻击的航天器而不是地面站。

8.2.2.1 针对完整性的非网络威胁

按照前面的例子,另一个组织或国家的恶意航天器造成针对通信的非网络威胁,通过轨道机动部署至合适轨位,与目标星座或组网卫星进行通信,并在一定程度上破坏目标的机密性,即能够篡改目标太空系统内部传递的信息,注入非法数据,或者以其他方式破坏组网星座的完整性。随着组网星座的广泛应用,从地面无线网络中吸取经验十分重要,包括802.11标准家庭和企业无线传输系统。地面无线网内的恶意接入点和设备表明太空系统将面临同样类型的威胁。组网航天器必须保持对星间对等网络通信的控制和审计,使被攻击的空间操作员至少可以发现网络中存在一个新的未授权的航天器。

8.2.2.2 针对完整性的网络威胁

前述非网络威胁的例子需要一个敌对航天器与目标空间网络融为一体,用作网络的非法接入点,使攻击者能够破坏网络完整性。网络威胁手段结合网络攻击面为敌人提供了威胁航天器运行安全的机会,黑客可以通过获得组网网络中特定航天器的充分控制权,从而以类似于外部航天器的行为模式对网络构成内部威胁。基于无线网络接入点检测不仅需要解决恶意接入点和非授权用户,还需要能够检测出无线网络上用户异常行为或受到攻击破坏的情况。

8.2.3 空间通信的可用性

实际上,组网内部星间通信的可用性对整个太空系统造成的影响弱于天地通信可用性受损的影响。即使星间通信完全不可用,但所有航天器均能够与地面站通信,星间数据仍可以通过地面站网络互相传递。组网星座在丧失星间链路的情况下能够依托星地链路在有限条件下执行任务。

8.2.3.1 针对可用性的非网络威胁

限于航天器天线性能和功率条件,从航天器到地面站的天地通信需要高指向精度的通信波束。从地面站到航天器的通信没有特别严格的功率约束,能够将信号发射到更加广阔的空间,因此空间指向精度要求并没有那么高。点对点星间通信的双方是能量受限的,必须拥有彼此高精度的位置信息,使通信波束能够在空间中准确传输到达对方。

相比于微波通信,这个问题对于点对点光波通信更加重要。光波通信可以提高航天器数据传输速率,且空间的真空环境不会造成传输性能衰减。不足的是,光波束指向误差范围要求要比微波通信小得多,精度要求更高。任何降低航天器及其通信目标精确定位能力的非网络问题都将影响空间点对点通信的有效性。配备一套点对点通信的天线、接收机和发射机的卫星只能同时与另外一颗卫星进行通信。

与点对点网络中不同目标通信前，航天器需要先进行轨道姿态机动，使光通信或无线电通信波束能够准确指向目标。在庞大的卫星组网网络中，将带来传输路由规划问题，即确定从源航天器发出的数据需要经过哪些中转航天器节点转发，才能最终到达目标航天器，以实现高效的网络传输。

8.2.3.2 针对可用性的网络威胁

正如现在已经了解到的，空间对等网络概念引入了许多经典计算机网络问题。针对空间星间通信的攻击，可以利用传统的计算机网络攻击的方式，将循环路由引入对等网络通信中。在实际的对等网络中，每个设备或网络中的航天器必须发挥路由器的作用，在必要时传递并处理数据。具有航天器访问权限的攻击者能够获得卫星网络内数据传输路径及路由，并请求其他卫星沿着环路连接发送消息，直到通信数据包由于生存时间异常而失效或丢弃为止。

这种方式可以改变网络数据流向，直到通信数据包被丢弃，并不会按需传送到地面站，使得网络无法实现可靠的通信。随着卫星组网规模越来越巨大、操作运行日趋复杂，卫星组网路由和传输的标准应当借鉴地面网络的成果和经验，以防止这类以及其他针对对等网络的攻击。最后，巨大和复杂的卫星网络配置少量负责网络健康和安全运转的专用卫星是非常有必要、有益处的，能够充分考虑到组网通信的路由规则和安全应用，提高星间通信的可靠性和安全性。

8.3 平台与载荷通信

最后一个需要强调的通信威胁因素是航天器配置和设计中潜在的致命弱点，这类弱点被关注得较少，且有针对性的保护措施薄弱。许多卫星的在轨运行和平台操控任务由一方完成，而载荷控制由另一方完成。一个组织的地面站负责跟踪航天器，确保其安全稳定地在轨运行，防止与其他空间物体发生碰撞；另一个组织的地面站负责监视和控制器上载荷工作。

在这样的组织模式下，一方遭攻击破坏最终将导致的结果是，攻击者针对航天器平台或飞行系统展开网络攻击能够从一方转向另一方，最后进入另一个完全不同的组织的地面站和网络。这样的例子说明，平台和载荷至少需要在逻辑上是隔离的；另外，有的载荷收集并下传极其敏感和机密的信息，而平台和飞行计算机是非机密级运行的。

加密可以用于航天器上载荷通过机密手段下传数据，或者使针对平台的攻击不至于影响到载荷，但是安全专家或航天产业专业技术人员并不能完全重视这个问题，攻击可能经由防护能力较低的平台飞行系统和地面组织而损害敏感载荷。还有一个鲜为人知的情况，攻击者实际上可以通过某个组织的被入侵控制的地面站点，利用航天器载荷到平台的链路实现攻击跳转，进而损害一个攻击者完全无连接、地理隔离的另一个地面站点。

8.3.1 平台与载荷通信的机密性

平台与载荷通信的机密性是指防止载荷或平台操作人员(或敌人)中的任何一方具备读取到另一方的非授权数据的必要能力。在某些情况下，这对国家安全是至关重要的，需要保护涉密和敏感载荷数据的机密性不被飞行平台操作人员破坏。在一些情况下，如果两个不同的组织具有相同的安全状态，那么同时维护两个组织安全的成本收益是较小的。

8.3.1.1 针对机密性的非网络威胁

在其他章节中提到的通信卫星有效载荷可以为地面不同位置的用户提供通信通道。其内部威胁可以用于篡改航天器上载荷配置，复制通信通道请求，并将其发送到卫星转发器未知的第三方地面站。在这个例子中，使用转发器载荷作为彼此通信通道的各方并不知道通信管道的机密性已经遭到破坏，相关通信内容已经被发往第三方。这种情况类似于攻击者或管理员在交换机或路由器上的镜像通信端口，将所有通信的副本发送到另一个不同的地方。安全专家和攻击者可以利用这种方式达到不同的目的。

8.3.1.2 针对机密性的网络威胁

接着前面通信载荷的例子，广播通信载荷在为世界各地的用户区域提供卫星无线电信号的同时，可能遭到来自网络空间的攻击，无法实现预期的机密性。攻击者具有地面站访问权限，还可以接入和控制从太空发出无线电信号的卫星。正常情况下，只有订购广播服务的接收机用户才能接收到卫星广播信号。然而，攻击者能够为所有无线电接收机提供广播信号服务，无论接收机是否订购了广播服务,因此任何拥有无线电接收机的用户不需订购服务即可接收广播信号。在这种情况下,与其说机密性是出于隐私方面的考虑,不如说是出于商业方面的考虑,卫星广播服务提供商只想为付费用户提供秘密的卫星广播服务,而任何用户使用攻击者提供的接收机都可以享受此服务。

8.3.2 平台与载荷通信的完整性

平台与载荷之间通信关系的完整性是指有效载荷依赖平台获得准确无误的信息,并在不改变载荷数据的条件下传回地面的能力。其基本传输过程是,载荷首先收集数据,然后对数据进行加密,最后将数据通过平台传回地面,而不在地面与载荷间建立特定的直接通信链路。

8.3.2.1 针对完整性的非网络威胁

对于平台和载荷间完整性或可靠性的问题,一个较好的非网络威胁的例子是那些应该测试和评估的过程,在该过程中的攻击并不容易被发现。平台的辐射信号可能会妨碍有效载荷单独与其他地面站通信。当航天器载荷的操作人员和平台的操作人员拥有独立的器上通信能力,以及拥有各自分别的地面站时,如果通信冲突消解失败,那么平台、载荷的通信传输信号需要满足射频兼容性要求,避免产生相互干扰的影响。

8.3.2.2 针对完整性的网络威胁

从数字意义上看,虽然平台和载荷在逻辑和操作上是分离的,但是如果二者存在共享某些器上资源的情况,攻击者就有机会通过共享资源,从载荷端对平台造成影响;反之亦然。有效载荷可以利用器上GPS芯片触发与其任务相关的信息采集事件,而GPS芯片是航天飞行计算机和载荷共享的资源。网络攻击者具备对平台和飞行计算机的交互访问权限,能够使GPS芯片上报错误数据,触发载荷在错误的位置执行任务,最终影响有效载荷任务数据的完整性。

8.3.3 平台与载荷通信的可用性

平台和有效载荷通信的可用性对任何航天器的运行至关重要。在设计保护平台载荷可用性方法的过程中,用于防护通信路径攻击的安全措施必须考虑避免给太空系统带来另一个潜在的故障点和风险点。此外,许多航天器依赖平台到载荷的通信，因为尽管二者可能由不同的组织操作控制，有效载荷仍会与平台共用天线和软件无线电模块实现对地通信。任何对这种可用性的破坏，都可以阻止载荷执行任务，使任务数据无法传输给地面操作员和用户，从而终止空间任务。

8.3.3.1 针对可用性的非网络威胁

针对平台与载荷通信链路的非网络威胁通常是共享资源问题引起的。这样的问题并不会最终导致航天器在轨道上失效，但可能导致平台与载荷之间的通信中断。此外，任何迫使航天器进入能源保护模式的故障都可能中止所有有效载荷的运行，并迫使航天器仅维持基本能源供给，甚至使有效载荷完全关机或停止数据下传，这并不是因为通信链路受损，而是出于保护航天器的目的而被迫停止下传数据和载荷通信的。

8.3.3.2 针对可用性的网络威胁

即使平台和载荷之间的通信链路未被切断，黑客也不可能从平台到载荷系统实施入侵破坏行为，加密的载荷数据仍然存在可用性风险。载荷数据下传的流程是载荷将加密的敏感数据传送给平台，再由平台发送给地面。攻击者可以通过某种途径入侵航天器上的飞行计算机或数据处理程序，并以某种方式修改有效载荷文件，当地面站收到修改后的载荷数据时，数据因被篡改而无法使用。虽然这种攻击方式并不能完全阻断平台和载荷之间的通信，但通信传输的是地面无法使用的数据，对任务而言是完全无用的。攻击者采用口令保护方式压缩器上载荷加密文件，而太空系统操作员并不掌握该口令，导致地面无法使用收到的载荷数据，也不能将其恢复。

8.4 小结

在通信方面面临的威胁本身就具有复杂的机制，产生了影响太空系统的诸多问题。典型问题是加密和通信挑战，这是航天工业和安全领域需长期关注的重点方面。另一些是太空系统通信面临的新威胁，此类威胁在计算机和网络安全领域已经具有相对成熟的解决方案。航天工业应从地面点对点网络和路由问题中汲取教训，并针对问题实施现代安全解决方案以确保系统安全。安全领域需要针对这类问题，在现有解决方案的基础上，基于太空系统的限制约束条件进行方案调整，为太空系统提供更加稳健可靠的安全保护措施。

第 9 章
运营威胁

本章将介绍太空系统运营威胁所涉及的攻击面范围。运营威胁牵涉地面站后端的基础设施、网络、用户、客户和计算设备等,囊括了从任务分配到接收航天器数据并最终分发到太空系统客户手中的整个过程,同时,这个过程也证明了太空系统的存在。显然,关于运营威胁的讨论大体上更适合于卫星,具有明显的任务分配、信号接收、数据分析和数据分发的业务流程特点。但这并不是说其他系统,甚至是有些特别的系统,如航天飞机及未来类似于它的系统不会遇到后端运营系统出现的相同问题。

9.1 在轨运行

在轨运行涉及负责控制航天器在太空中安全稳定运行的地面段部分,以及负责与航天器交互、分配任务和接收器上载荷数据的相关人员。正如第 8 章"通信威胁"所述,负责平台管理和载荷管理的可能是在物理上、逻辑上都完全分离的不同组织,也可能是同一组织的地面站和人员。即使航天器指令控制与载荷操作是分离的,但通常是由前者与卫星进行交互。地面站是载荷操作人员与载荷的中间桥梁,为操作人员提供可用的载荷数据。航天器的指令和数据处理(command and data handling, C&DH)系统会在需要时将任务分配给有效载荷。为完全分离这些操作,航天器基本上需要配备两套对地天线和通信设备,一套用于航天器在轨飞行控制,另一套用于载荷操作。

9.1.1 在轨运行的机密性

通常,在开放空间传输的天地通信信号难以规避监测设备的侦收,导致太空系统在轨飞行控制和航天器载荷操作几乎无法实现机密性。虽然如此,仍然有方法掩盖地面与航天器通信的意图、目的,甚至是航天器位置信息。这样做的目的是隐藏航天器在轨飞行状态、有效载荷任务及执行情况等信息。从这个意义上讲,丧失机密性可能给航天器本身带来风险,或者延迟任务信息,敌人可以借此阻碍有效载荷执行任务。这对那些机动能力不足、容易被跟踪的低轨航天器构成了更大的威胁。

9.1.1.1 针对机密性的非网络威胁

通常,地面站抛物面天线被球形结构屏蔽罩包裹。天线在屏蔽罩内可以正常地绕轴转动。屏蔽罩用于在恶劣气候条件下保护天线,延长天线使用寿命。另一个好处是,通过人眼和光学侦察方式无法获取天线指向,以及天线自动跟踪航天器过程中的转动情况。

在没有其他信息支持的情况下,敌人难以确定与地面站进行通信的航天器位置和属性,并且可以确保在该地面站之外执行太空任务的其他部分或方面的机密性。通过破坏天线屏蔽罩,或使用识别天线指向和运行轨迹的探测技术,可能会破坏机密性,泄露某组织使用该地面站的目的,以及操作运行情况等敏感信息。

9.1.1.2 针对机密性的网络威胁

攻击者可以通过网络域获得对地面站的访问权限,并直接从地面站计算机相关的定位和通信设备上读取数据,来获取与之正在通信的航天器确切位置。即使地面站配备有保护性的天线罩,太空系统整个活动的机密性也将遭到破坏,在轨太空系统极其重要的行动也将受到影响。例如,航天器每次飞临相同位置时都会受到干扰,无法在该区域成功地执行任务。

假设敌人已经能够预测航天器的运行轨迹,并在其飞临上空时实施干扰。如果操作人员想要与卫星通信,实施轨道控制,以规避干扰。届时,攻击者已经成功侵入该地面站,根据地面站用于在下一圈次跟踪和通信的有关信息可以获得航天器新的轨道数据,并据此调整干扰源的指向或位置。显然,雷达或其他技术方法也可以给卫星定位,但在此展现了一种通过破坏在轨运行控制机密性获取卫星位置的方法。

9.1.2 在轨运行的完整性

保持在轨运行的完整性是指确保航天器收到的地面站遥控指令是合法授权的,且保证是来源于所期望的地面站的能力。

9.1.2.1 针对完整性的非网络威胁

地面站操作的完整性面临许多非网络威胁。不管是航天器在轨飞行控制,载荷执行任务,或者太空系统数据接收分发,非网络威胁都可归结为物理安全方面的威胁。操作员需要经过艰苦的训练,具备专业能力,达到熟练的业务水平,以避免航天器及其有效载荷接收和执行非法指令而造成无法弥补的损害。太空系统控制台物理安全受到的任何损害都被视为操作完整性面临的风险,因此确保物理安全与降低太空系统风险的其他措施同等重要。

9.1.2.2 针对完整性的网络威胁

地面站面临的网络威胁源自控制台,并且聚焦在控制台上,包括内部操作人员对控制台的非法违规行为和外部远程攻击者通过网络对控制台的非法控制。这些外部远程控制命令是未经授权的,就像敌方为改变或损害太空系统的运行状态,破坏物理安全防护屏障一样。类似于使用物理安全措施限制人员对太空系统控制终端的访问使用,组织机构必须对系统的操作和使用权限进行规范化约束和管理,操作人员只能执行业务职责范围内的指令。如果某组织机构同时承担地面站运行、航天器飞行控制和载荷控制职能,那么负责航天器在轨飞行控制的人员就不能具备载荷控制任务指令的执行权限;反之亦然。为确保航天地面站的完整性,应针对操作终端或控制台采取访问权限约束和用户账户设置等管控措施,并持续提升网络安全防护技术手段,有效抵御网络攻击,防止在未经授权的情况下非法升级或扩大用户权限。

9.1.3 在轨运行的可用性

地面站可用性指某一地面站具备与航天器通信的功能,能够执行在轨飞行和载荷控制任务。显然,单个地面站需要注重设备维护保养工作,做好应急故障处置准备,确保设备状态良好而且随时可用。整个太空系统应当整体规划、合理配置足够数量的地面站,甚至多颗航天器,以满足可用性要求,并达到适当可控的风险接受程度。通常,地面站的数量取决于太空系统在轨运行寿命期内星地的冗余通信需求。在充足资金和丰富资源支持的情况下,有必要在新点位开展地面站的建设,扩展地面跟踪覆盖范围,这如同在组网星座中新增航天器提升对地覆盖能力一样。

9.1.3.1 针对可用性的非网络威胁

非网络威胁仍归结于地面站周边的物理环境。地面站规划工作不仅需要考虑与在轨航天器的通信条件,而且需要考虑自然灾害等潜在的危险环境因素。地面站点位选取的另一个重要因素是可防御性。许多太空系统是由军方管理的军事航天系统,服务于作战和情报活动。此外,部分民用太空系统能够提供搜索救援、紧急通信和保护重要资产等服务。如果某个地面站在己方防区外,那么地面站的运营将处在高危状态。

9.1.3.2 针对可用性的网络威胁

网络攻击难以预料,仅仅取决于攻击者的想象空间、可用资源和访问能力,势必会对地面站运行造成严重的负面影响,甚至彻底失效。在太空系统运营相关的各组成部分中,地面站虽然具有最强的网络安全防护能力,但是仍然最容易遭到网络攻击,同时形成了极其严峻的风险态势。敌方能够对不同的保障支持系统实施网络攻击,降低地面站在整个太空系统中的可用性。攻击者可以侵入建筑设施内的消防控制系统,使其误认为操作控制室发生火灾,进而自动开启喷水灭火装置,浸湿计算机等电子设备,对地面站造成非常严重的破坏。攻击者还可以攻击设备机房的采暖通风与空调(heating, ventilation and air conditioning, HVAC)系统,采取大幅升高环境温度的方式,使地面站电子设备工作异常;网络攻击还能够切断太空系统运营设备设施的供配电系统。类似的保障支持系统在可用性方面起到重要作用,但并未得到与诸如飞行和载荷计算机控制终端同等的重视程度。而这对于太空系统的安全态势来说是一个巨大的潜在盲点,必须将保障支持系统与太空任务紧密相关的计算机系统同等对待,一起进行安全审查和监控,因为稍有疏忽就会损害地面站,甚至整个太空系统的可用性。

9.2 数据分析和分发

访问和分发是获取太空系统服务所必需的两项主要工作环节,应当以及时的方法和适用的格式向最终客户提供数据。即使航天器能够按照太空系统操作人员的预期执行任务,并将结果数据下传回地面,但这并不意味着数据是可以直接使用的。在航天器下传的载荷数据形成最终产品之前,需要对其进行分析、描述及其他事后处理和加工。数据机密性、完整性,以及数据分发的有效性和时效性,都会对整个太空任务的圆满成功起到关键作用,与在轨运行并执行任务的航天器具有同等的重要性。

9.2.1 数据分析和分发的机密性

分析和运营方面的机密性涉及数据分析和分发过程。某些个体本来不具有敏感数据使用需求和权限,但分析和分发过程中可能会在未授权或意外情况下访问到数据。当发生在数据分析环节时,这意味着没有参与载荷任务规划、实施和数据下传等过程的个体可以查看和掌握航天器载荷原始数据,而不需要介入到生成数据的过程中。这种影响也许是可以忽略不计的,但也许会使竞争处于劣势,甚至严重损害国家安全。

倘若在分发过程中机密性受到破坏,基于航天器数据的分析报告被发送到了不需要该信息的错误接收方。这就存在一个问题,经分析、处理和分发的航天器数据能够用于形成分析报告,而这些数据可能会泄露数据来源和途径。太空系统信息源的最终客户并不了解,也不应当了解航天器收集获取某些信息的方法与途径。当数据获取方法极其敏感时,分析和分发过程必须严格控制对外部客户提供信息,避免涉及和泄露航天器能力指标等机密信息。

9.2.1.1 针对机密性的非网络威胁

在非网络攻击的例子中,不恰当分发的问题可能很简单,即利用不相符的分类、密级或使用说明给所分发的信息贴上错误的标签,导致非授权个体获得本不应享有的数据访问权限,并根据不恰当的分发规则来维持这种非授权访问。除了错误描述之外,通过数据流甚至电子邮件也会导致数据发送方向错误。在这种情况下,如果某个个体不知情或无相应数据接收许可,数据机密性遭到破坏,但由于数据标记是正确的,仅是发给了未授权的个体,至少可以告知该个体如何正确地保护和处理这些机密信息。

9.2.1.2　针对机密性的网络威胁

通过网络攻击,远程恶意攻击人员能够破坏用于数据分析的工作站,获取航天器原始数据或受特定分发控制的数据访问权限。在任何情况下,只要远程恶意攻击人员访问到工作站,使敏感数据流入其网络,就意味着数据机密性受损,说明太空系统运行管理流程中的许多设备很可能影响航天器的运行状态。正如所讨论的,原始信息或不当标记的信息可能泄露航天器载荷类型和工作方式。假设某航天器的任务目标是对敌人实施航天侦察,如果敌人或竞争方利用网络越过安防措施非法获得了该航天器的有关信息,采取相应措施和手段就能够在一定程度上,甚至是完全抵消该航天器的侦察能力。

9.2.2　数据分析和分发的完整性

保持太空系统运行阶段的数据完整性是指数据从卫星下传到地面,经分析后能通过正确的方式和规则对外分发,确保数据表示的是最初任务目标的真实的状态。假如载荷任务是拍摄地球某个地方的照片,分析工作不应该篡改数据,歪曲地面真实情况,这样做就破坏了数据完整性。

9.2.2.1　针对完整性的非网络威胁

对收集到的多种类型的数据进行分析时,特别是图像或视频类数据,无论数据是从太空还是地球上收集到的,人类通常需要参与到图像或视频的目标识别工作中。尽管机器学习和人工智能技术已经在目标识别领域取得了一些进展,能够提供辅助决策支持,但最终往往还是通过人眼识别并做出决定或验证结论。这也意味着有可能出现错误和偏差。如果分析人员对图像的描述并不客观真实,不能反映目标的实际情况,并对外发送错误的分析结论,太空系统最终产品的完整性是无法保证的。这个错误可能对主要方面没有伤害,比如,地形学家利用卫星图像制图时,错误地识别出一个陆地地质地貌。也可能是后果严重的错误,比如,把目标图像传递给炮兵时把小型货车误认为是坦克。尽管从业务流程上看,这些错误发生在航天器实际拍摄动作后的下游远端环节,但是仍然会影响整个太空系统本身及其任务的有效性和准确性。

9.2.2.2 针对完整性的网络威胁

由于先期分析工作通常依托计算机进行,黑客能够通过可达的攻击面获取访问权限,并篡改对外发送的数据结论。前面章节已经讨论过对传感器载荷的威胁,攻击者通过远程执行代码来改变系统状态,进而影响最终产品的方法有两种:一种是攻击者可以在分析人员获得和审查数据之前篡改原始文件,隐藏某些特征和属性,就像改变坦克的显示像素来匹配周围地形,使其看起来像一块沼泽地;另一种是在分析人员审查后修改报告,以更改其研判结论。无论哪种方式,分发分析数据的完整性受到了破坏,数据是不可靠的,而且有误导性。

9.2.3 数据分析和分发的可用性

在此阶段,可用性是指航天器下传数据落地后的可用性,包括分析人员分析数据的可用性以及经任何媒介分发的数据可用性。可用性受损意味着分析人员无法对数据集进行处理,或无法对具有特征和标记的数据进行分发。

9.2.3.1 针对可用性的非网络威胁

事实上,有很多事件和诱因都会阻碍分析人员持续访问太空系统现有的原始数据,并最终限制其数据分发能力。地面站信号接收设备与数据分析设备通常不在同一个房间内,甚至不在同一幢建筑物内,而只要简单地将两方建筑设施之间的通信光纤切断,分析人员就会长时间无法实时获取数据,即构成了数据的不可用。在这种情况下,备份通信手段或人工递送方式是可选的应急措施,但也会影响数据的实时效,倘若数据内容涉及军事行动或搜索救援,这显然是不符合任务要求的。

9.2.3.2 针对可用性的网络威胁

航天器原始数据和待分发的分析数据会在一段时间内处于静态存储状态,这或许将成为攻击者破坏太空系统数据可用性的另一途径。通过安装恶意软件的方式可以删除图像文件,或破坏整个数据库,导致航天器数据产品最终交付客户的时间延迟数小时、数天甚至数周。从航天器下传数据开始到分析分发的过程中,每个步骤均包含数据存储在硬盘驱动器上的环节,网络攻击者只要具备一定的访问权限就可以删除这些数据。同样,如果在太空系统向外部组织分发数据之前,相关数据已被恶意删除,相当于整个太空系统没有产生数据,太空系统的总体任务在战略层面就受到了影响,这种效果几乎可以等价于航天器遭受物理破坏,载荷丧失工作能力。

9.3 数据用户

太空系统运营威胁的最后一个方面是太空系统数据的使用人员。将数据用户作为太空系统面临威胁的其中之一似乎有些奇怪,然而,假如航天器运营人员对数据用户缺乏适当的控制、验证和监视,太空系统数据的保密性、完整性以及太空系统生成的最终产品的相关数据可用性将面临巨大风险。

9.3.1 数据用户与机密性

这里的机密性类似于数据分析和分发中的机密性,但是问题的根源是数据用户,而不是实施太空系统数据分析和分发的人员。在某些情况下,机密性受损是太空系统操作组织人员的自满或缺乏对细节的关注造成的。

9.3.1.1 针对机密性的非网络威胁

数据用户应当按照特定的方式、遵循特定的规则向航天器发起载荷使用需求,但很难确保用户百分之百完全遵守这些规则,且从不发生错误,无法避免用户有意提出一些不恰当的请求。当数据用户提出了不恰当的请求,而太空系统也未正确验证该请求时,太空系统很可能会向用户提供其不该获取的数据,甚至是非法或机密的数据。设想某人具备向成像卫星申请载荷任务的权限,想要使用卫星拍摄其度假屋,而这并不是合法授权的成像目标。这种从太空系统请求获取非授权合法信息的行为,使太空系统产生数据的机密性遭到破坏。

9.3.1.2 针对机密性的网络威胁

网络攻击者通过数据用户组织中的某个系统能够获取航天器载荷任务的非授权请求权限,而不需要攻击运营组织的任何系统。在这种情况下,黑客可以通过破坏隐私保护或数据分发控制等机制,达到损害系统机密性的目的。攻击者在数据用户组织的计算机上获得交互访问权限,插入其非法任务,就可以通过向航天器发起有效载荷任务需求来获取情报,或者得到载荷实际能力的相关信息。

9.3.2 数据用户与完整性

有关数据用户请求载荷任务所涉及的信息机密性的网络和非网络的例子

同样能够说明数据用户对太空系统完整性方面造成的损害。不恰当或非授权的载荷任务请求,无论是否得到实施,太空系统产生数据的完整性都将面临较大风险。若太空系统不能保证用户请求获取数据的方式是经合法授权的,则可能导致其自身停止运营或临时冻结,直到相关安全措施和程序流程得到完善和加强能够再次确保太空系统接收和最终执行任务的完整性。

9.3.3 数据用户与可用性

数据用户是航天器数据的终点站。太空系统生产率受用户数据层面影响的最后一点是数据可用性方面的威胁。无论太空系统的运行管理有多么成功和有序数据用户如果因无法获得产品,进而丧失成本效益,很可能将被迫终止参与或资助该太空系统项目。

9.3.3.1 针对可用性的非网络威胁

太空系统向数据用户提供服务存在一个优先级的问题。航天器十分昂贵,用于为地面数据用户提供高价值服务和执行重要任务。下面以对特定热点区域进行拍照的成像卫星为例进行说明。该太空系统的数据用户可能是多个政府组织、军事单位和情报部门。民用的成像航天器与之相同,这些图像可以用于农田作业、执法,以及勘探和绘图。在许多情况下,运营方会以一种能产生最大成本效益的方式对这些成像卫星的载荷任务进行适当的优先级排序。

某些数据用户很可能会遇到资源紧缺的情况。例如,执行部门在某个时期大量使用成像卫星资源,农业部门得到的使用机会却非常少;当某个卫星正在执行情报部门重要的侦察任务时,军事单位将无法从该卫星获取图像。无论哪种情况,何种任务优先级,航天器都有可能对某些用户是不可用的,而一些用户总是具有较高的卫星服务优先级。建设更多的地面站或发射更多的卫星会在一定程度上缓解这样的问题,但当这不是一个可行的选项时,通常经过权衡的解决方法是将所有数据用户发起的卫星使用需求都由第三方来衡量并确定优先级,或者由太空系统运营方自身来优化提升可用性。

9.3.3.2 针对可用性的网络威胁

对数据用户任务请求进行适当的优先级排序能够使太空系统尽可能向所有用户提供服务。从网络角度看,攻击者试图利用这最后一个攻击面影响太空系统,阻止一个甚至多个用户获取所需数据。恶意软件可以改变某个用户的任务请求,降低任务优先级,使太空系统长时间甚至永远无法执行该低优先级任务。如果第三方组织负责处理多个用户使用太空系统的优先级排序,那么该组织本身也会成为黑客寻求利用和攻击的目标。

9.4 小结

太空系统面临的各种威胁在构成太空系统的各个操作运行实体中的表现是截然不同的,最终将影响太空系统可靠、稳定的运行并输出预期产品的能力。此外,在数据用户的站点同样存在多种对太空系统造成影响的攻击面,这也使太空系统面临风险。即使存在相关软件和方法来优化和验证航天器任务的分配和执行情况,但一个信息畅通、资源丰富的攻击者仍能找到突破防线的方法。长期以来,互联网网站一直面临着类似的问题,前端接收到输入信息后需要进行验证和检查,再将其传递到后端,以避免被恶意利用。太空系统任务软件可视为一个定制的特定输入系统,相应的安全审查机制较少,这样使最终的后端,即航天器面临着类似的风险。

第 10 章
攻击行动的微观分析

为切实阐明太空系统面临的真实威胁,举一个详细的网络攻击案例,从作为攻击目标的高级软件开始到深受影响的航天器为止。为尽可能切题,本章还涉及各种物联网(internet of things, IOT)设备和太空系统中使用的操作系统和软件,同时讨论哪些漏洞或技术可以用来破坏这些系统,并使目标尽可能是适宜且相关的。

如果在我写这本书多年后,出于某种原因,您有机会阅读这本书,并批评其中的技术和软件已经过时,希望您能了解到本章内容及事例目标和事件是在 2019 年 12 月研究和撰写的。我还想指出,到目前为止,太空项目中运用的许多服务器和工作站,仍然使用近 20 年的操作系统,如 microsoft windows server 2000、windows server 2003 以及 windows XP。

下面的例子并不代表我所遇到或研究过的任何特定的太空系统,也不应被视作是入侵特定系统的基本指南。同时,我不会讲述整个攻击过程,因为我曾经是一个有职业道德的黑客,不提倡非专业行为,故而有意省略或模糊攻击过程的某些细节。从下面例子可以看出,事实上,由小卫星构成的太空系统会受到网络攻击,但相较于互联网攻击工具的开源研究成果,网络安全和航天产业的相关进展还是比较落后的。

10.1 攻击过程

本节主要介绍一系列可能导致太空系统遭到破坏并最终失效的各种因素。

10.1.1 计划

首先,我们将为这些事件搭建一个现实舞台。毕竟,在我们攻击太空系统及其运行管理的航天器之前,需要知道这样做的后果和影响。假设一个国家决定主办一场针对学术科研类太空系统的网络攻击活动,以此验证理论概念和学术研究的发展成果,为后续可能的军事化网络行动提供技术积累。这样的目标防护能力薄弱,无涉密或敏感系统,也没有额外的保护措施。其次,鉴于被攻击目标的非军事化属性,该活动属于学术机构或主办国的科学研究行为而非战争行动。最后,还有一个好处,许多学术机构与各国政府的国防部门密切合作,可以将针对试验目标运用的战术战法,开发的工具软件,以及形成的规程机制应用到未来实际的军事行动中去。

10.1.2 目标

为确定这样一个用于验证概念场景的目标,主办国很可能让活动的被攻击目标主动暴露,成为攻击通道中最易识别并实施攻击的目标,而非采用真实的网络攻击行动流程,即首先确定攻击目标,然后确定攻击通道。因此,攻击者将在互联网上搜索学术机构发布的首次太空和小卫星计划学术通告,具体内容可能是宣布和介绍最近已经或即将实施的航天器发射任务。这种方式针对的目标集包括新进入太空领域、专注于小卫星研究的学术机构,这类机构比已实施航天计划项目的组织会出现更多的错误和缺陷。

确定攻击的目标机构后,攻击者就可以搜索社交媒体和机构网站,以及商务化人际关系网(LinkedIn)或开源项目托管平台(GitHub)等其他网站,寻找参与该项目计划的学生,特别是参与编写或上传代码的电气工程师和计算机专业的学生。当选中某个目标人物时,攻击者着手进一步研究该学生参与的计划和合作项目。然后,攻击者创建一个来自某知名大学相关领域学者的虚假身份,并与该学生取得联系,表示在阅读了他的论文或工作成果后,印象深刻,希望获得帮助或开展合作研究。

10.1.3 个人计算机

以实际利用和破坏为目的的第一步是获得目标机构内相关人员个人计算机的访问权限。

10.1.3.1 攻击个人计算机的方式

当选定恰当的个人后,攻击者以知名大学学者的虚假身份与目标人员建立起融洽的关系,并最终基于这种信任关系,诱骗目标打开包含恶意软件的文件,达到远程访问目标人员个人计算机的目的。通过虚假的社会关系使目标人员执行某件事的方法与途径有很多,常见的方法是使用 Microsoft Word 文档或 PDF 中的宏指令。当目标人员打开文档并单击弹出窗口(在攻击者的指令下)时,恶意代码就会在其计算机环境中运行,并通过多种升级权限技术获取访问系统的能力,再进一步向目标人员的个人计算机中植入后门和其他恶意软件,如图 10-1 所示。

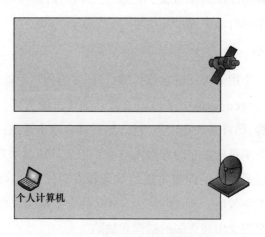

图 10-1 访问个人计算机

10.1.3.2 攻击个人计算机的原因

除了在该机构及其太空计划相关目标范围内建立初步网络立足点以外,攻击者在目标人员的个人计算机中安装恶意软件,不仅可以深入访问和接入到该机构其他的相关计算机中,而且可以获得更多的机会和优势。同样地,攻击者还可以通过安装键盘记录器和计算机话筒记录软件等获取大量的关于个人、机构及太空计划的情报信息。这样可以对机构的其他成员实施进一步的社会工程学攻击,获取目标人员在对话交谈或拟制方案过程中的关于工程实现和操作运行的细节。

10.1.4 手机

在获得个人计算机访问权限后,攻击者将继续寻求与利用类似个人手机之类的设备,因为手机更容易也更有可能被带入敏感区域。如果个人计算机和手机都被带入太空系统有关的工作场所,那么攻击者将有两种访问接入途径。

10.1.4.1 攻击手机的方式

在具备对微软 Windows 个人计算机系统级的访问权限后,攻击者就有很多方法利用和访问接入计算机充电或复制文件的智能手机。DualToy 是一款 Windows 可执行木马程序,由 Paolo Alto 在 2016 年对外公布,能够向通过 USB 接口连接 Windows 计算机的安卓智能手机中植入恶意程序和代码。在该木马程序的支持下,攻击者能在手机上暗藏后门,安装恶意软件工具包。攻击者行动如图 10-2 所示。

图 10-2 从个人计算机到手机的攻击

10.1.4.2 攻击手机的原因

这种手段的最初目的是对大概率会被带入到工作场所并接入太空系统网络和计算机的智能手机进行入侵和控制,并以此作为枢纽和跳板对太空系统进行渗透。此外,该手段能够帮助攻击者进一步感知系统、网络态势,同时掌握初始目标与团队其他成员之间的电子邮件、文本和电话交谈内容等个人联系情况。即使智能手机未连接到更核心的目标空间，攻击者仍可以通过手机话筒获取太空系统实验室区域内的对话内容，从而获取相关情报信息。一旦连接互联网的智能手机接入了用于地面站运行的物理隔离网络，攻击者就可以突破网络安全防线，智能手机就成为其实施远程交互控制的使能器。

10.1.5 实验室计算机

攻击者可以利用安装在手机上的恶意软件远程控制执行命令，搜索联网手机接入的计算机文件系统。凭借这种能力，攻击者能够识别出通过 USB 接口为该学生的手机充电的学校太空系统实验室服务器。首先，攻击者通过文件系统查询程序发现服务器操作系统是通常的 Linux 版本，其中包含一些任何人都能够以 root 权限运行的通用可写脚本。然后，攻击者利用手机向文件系统植入 Linux 后门，并将代码附加到通用可写脚本中，形成可执行程序。这种获取和提升对 Linux 系统访问权限的方式十分老套但很管用，即充分利用了用户和管理员的失误及 Linux 系统的安全漏洞。最后，当被修改的脚本在当天晚些时候以 root 权限执行时，攻击者的后门程序也将以 root 权限执行，并安装了一个隐秘的 rootkit，这样就确保即便系统重启后攻击者仍能继续接入访问系统。即使该 Linux 服务器没有连接互联网或其他任何设备，只要该学生将联网手机插入服务器充电，攻击者所安装的 rootkit 就可以通过手机与互联网上的重定向服务器通信，借此隐藏其真实位置，并在这个入侵攻击链中植入代码。

10.1.5.1 攻击实验室计算机的方式

图 10-3 表示攻击者的下一个中心目标是作为虚拟机宿主的实验室服务器。

10.1.5.2 攻击实验室计算机的原因

攻击者控制该实验室服务器后就可以追踪和利用在其上部署运行的地面站虚拟计算机。地面站计算机不与任何外部网络通信，其连接在一个内部局域网上仅与主机通信。这意味着，利用虚拟机的唯一途径是通过宿主机——实验室硬件服务器。倘若最终实现，实验室服务器将作为攻击者返回到最初入侵突破口的中转路径，将相关情报数据信息返回到安装在学生手机上的木马工具等。此外，卫星下传到地面的数据文件会被备份到实验室服务器上，攻击者就可以借此看到卫星的工作情况以及有效载荷的原始数据。

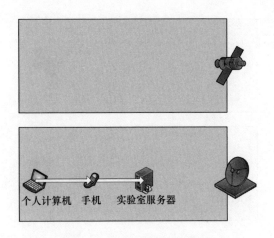

图 10-3 从手机到实验室服务器

10.1.6 地面站计算机

地面站安全是保护卫星的最后一道防线。在轨航天器对地面站发出的任务指令具有固有的、内在的信任,这成为敌人攻击航天器最为直接的途径。

10.1.6.1 攻击地面站计算机的方式

部署在虚拟机上的地面站业务软件与新版本的 Windows 系统不兼容,仍然运行在老版本的 Windows 操作系统上。地面站容易受到 WannaCrypt 恶意软件发起的 Windows MS17-010 远程攻击。尽管业务软件运行在具有一定隔离功能的虚拟机上,宿主机 Linux 服务器每周更新系统补丁具有较好的安全性,但控制航天器在轨飞行和载荷工作的地面站软件所处计算机操作系统的运行环境仍然存在风险。在工作日,学生将手机接入服务器充电 6~8 小时,攻击者利用该漏洞植入的木马程序通过 Linux 主机上的通信隧道,以及学生手机的互联网连接接收获取到的秘密信息,如图 10-4 所示。

10.1.6.2 攻击地面站计算机的原因

入侵地面站计算机的目的是通过地面站最终实现对航天器的入侵和渗透,并控制航天器执行非法或未授权的任务。

10.1.7 载荷计算机

航天器载荷计算机负责接收来自地面站的任务指令,包括软件和操作系统

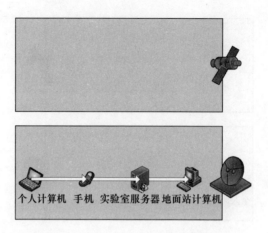

图 10-4 从实验室服务器到地面站

更新,成为敌人首要攻击的器上设备目标。另外,篡改载荷计算机设置和代码的行为不会立刻对太空系统的操作运行产生明显的影响,因为攻击者还要弄清航天器上存在的其他攻击面的情况。只要攻击者未影响和干扰载荷继续执行地面的预期任务,任何额外的恶意行为就不太会引起注意。

10.1.7.1 攻击载荷计算机的方式

航天器接收到加载载荷软件更新包的地面合法指令,但更新包内含有恶意软件。恶意软件一旦运行,就会利用包含恶意软件的副本文件重写操作系统的备份镜像,并重新安装载荷计算机操作系统,因此恶意软件将长期存在。恶意软件还会搜索查询合法的载荷任务文件,在其中的元数据部分非法增加特定的隐藏任务,使太空系统运营方难以发现。最后,攻击者还会删除航天器和地面站日志中的行为记录,达到伪装和隐藏恶意行动的目的。这样,攻击者就可以访问该航天器了,如图 10-5 所示。

10.1.7.2 攻击载荷计算机的原因

被安装在航天器有效载荷计算机上的恶意软件,处于专有特权级别,能够接收和执行来自地面站恶意软件蓄意更改过的隐藏载荷任务。在有效载荷完成攻击者的隐藏载荷任务后,下传到地面的数据信息看起来像是来自载荷计算机正常图像文件的错误副本,在到达地面站时即被复制到其他地方,当太空系统操作员删除不可用的图像文件时,攻击者的隐藏任务数据将得以保留。然

第10章 攻击行动的微观分析

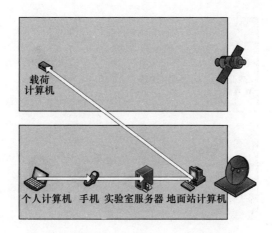

图10-5 从地面站到载荷计算机

后,植入地面站的恶意程序通过主机操作系统的隧道将数据传送到攻击者的互联网服务器上,攻击者还可以继续创建新的载荷计算机任务,并通过相同的通道上传到航天器。

10.1.8 数据处理器

植入有效载荷计算机的扫描程序会发现航天器上存在一台命令和数据处理计算机。这台计算机负责航天器的状态监视、健康诊断和故障排除等,并与软件定义无线电组件进行数据交互。攻击者计划最终利用软件无线电模块"杀死"卫星。

10.1.8.1 攻击数据处理器的方式

数据处理器的操作系统是当前年度版本的 VxWorks 操作系统。该版本系统在2018年到2019年被披露了许多漏洞,其中包括6项能够远程执行代码的漏洞。地面上行注入载荷计算机的可执行程序就可以利用其中的一个漏洞实施远程代码执行操作。该漏洞可用于执行数据处理器计算机的命令,并将数据发送回载荷计算机的植入程序,以便最终通过攻击者的通信通道下载和传输,如图10-6所示。

10.1.8.2 攻击数据处理器的原因

凭借在数据处理器上随意执行远程代码的能力,攻击者可以获取到用于排除和解决航天器异常或其他问题的监视器脚本程序的位置。通过访问数据处

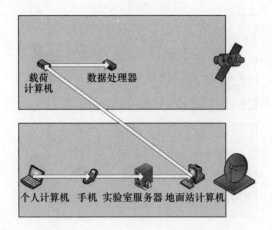

图 10-6　从载荷计算机到数据处理器

理器计算机上的执行代码,攻击者也可以搜寻确定用于控制对地通信功能的软件定义无线电组件的操作系统。

10.1.9　软件定义无线电

负责航天器与地面站通信的计算机设备是软件定义无线电模块。对软件定义无线电模块的破坏以及执行恶意代码会使航天器无法与地面站的通信。

10.1.9.1　攻击软件定义无线电的方式

目标航天器上配置的软件定义无线电模块运行的是 POSIX 操作系统。POSIX 操作系统支持运行的 Bash 命令处理器存在一个名为 Shellshock 的远程安全漏洞。攻击者通过载荷计算机 VxWorks 操作系统的漏洞获得远程代码执行能力,再使数据处理器加载并运行针对软件定义无线电的 Shellshock 漏洞程序,如图 10-7 所示。

10.1.9.2　攻击软件定义无线电的原因

通过获得在软件定义无线电上执行代码的能力,攻击者能够使航天器在非正常预设工作频率上对地通信。这样,卫星每次过境都无法接收到地面站发出的频率信号,也就不会对地面站进行回应。攻击者获取航天器数据处理器控制权,禁用监视器脚本,阻止航天器在多圈过境却未收到地面站信号的情况下触发监视处理程序,同时,使用通信堆栈中的无用数据重写加密密钥。现在,攻击者基本上"杀死"了这个航天器。

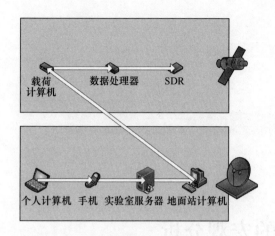

图 10-7 从数据处理器到软件定义无线电

10.2 小结

本章从微观分析角度揭示了攻击者利用现代航天工业所使用的软件和技术，以互联网接入点为起点入侵破坏航天器的原理。本章内容为航天领域展示了一个明确而现实的危险，同时向安全领域提出了一个巨大的挑战，即使由一颗简单的小卫星和单个地面站组成的太空系统也具有较高的数字化水平，同时还存在着十分宽广的攻击面。

第 11 章
攻击行动的宏观分析

在介绍过针对单个地面站和航天器及其组成设备的入侵破坏过程之后,本章将探讨系统级的现实威胁。为进一步说明航天器遭到入侵破坏以及经由航天器对太空系统实施入侵所产生的严重影响,本章将站在更为广泛和深远的角度构建一个场景,宏观分析太空系统遭到入侵的过程和方式。在前述研究的基础上,对部分运用过的网络技术进行更高层次上的整合。宏观分析自然不会深入研究太多技术细节,更多的是聚焦在将太空系统遭入侵的众多事件联合在一起进行分析。

当今社会日益依赖太空系统实现日常活动和通信。军方、政府以及大多数行业均依赖太空系统,尤其是天基通信和导航定位系统。太空系统的失效将使相关组织机构暂时停止运转,甚至永久瘫痪。下面是由第 10 章中所提到的攻击科研院校太空系统场景的那个组织发起的网络行动,其利用所掌握的技术和经验攻击一个更大型的拥有多个地面站和多颗航天器的机构。此外,该太空系统中负责卫星飞行控制和载荷控制的是两个独立组织,各自配备了分布在不同地点的地面站。

11.1 最先遭到入侵的地面站

攻击者通过入侵地面站来获得攻击太空系统的切入点和立足点。下面给出一个直接入侵地面站的例子,而不是利用个人设备的多种漏洞来接入和保持与受攻击地面站服务器的连接。

11.1.1 遭到入侵的方式

在这种情况下,地面站服务器成为非法用户接入和使用太空系统的突破点。在负责航天器软件定义无线电、天线和加密设备等总装集成的公司中,一名恶意的内部人员在 DVD 驱动器中隐蔽安装了一个硬件后门,用于通过蜂窝移动网络进行通信。太空系统的完整场景如图 11-1 所示。

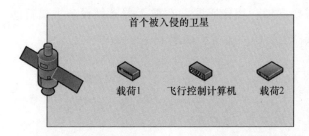

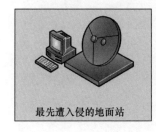

图 11-1 场景说明

11.1.2 遭到入侵的原因

攻击者利用植入的后门能够在需要时与地面站进行连续不断的通信。攻击者利用这种通信接入和访问目标太空系统,加载恶意代码和二进制数据,以近乎无法察觉的方式获取到相关数据。

11.2 载荷 1 计算机

这个特殊的航天器是组网星座其中的一颗卫星,配置有两个载荷,一个用于执行成像任务,另一个用于航天器间的组网通信。成像载荷称为载荷 1,

类似于微观分析中的例子,将成为攻击者入侵地面站后对航天器进行攻击的首个目标。最先遭受入侵的是载荷运行控制(简称"运控")地面站,属于负责成像载荷任务控制的组织,而不是用于卫星飞行控制和遥测监视的测控地面站,所以攻击者最直接、最容易的攻击目标是航天器上的成像载荷计算机。

11.2.1 遭到入侵的方式

利用航天器自动接收的受感染任务文件,攻击者能够获得航天器远程代码执行能力。攻击者暂时不需要立即利用代码漏洞在航天器计算设备上执行恶意代码程序。从地面到航天器的初始入侵过程如图11-2所示。

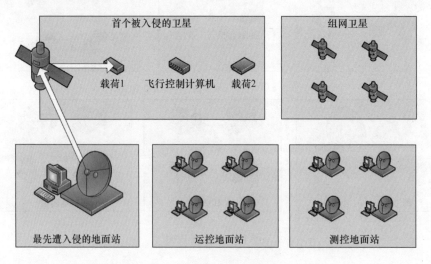

图11-2 载荷1计算机遭入侵

11.2.2 遭到入侵的原因

利用受感染的任务文件获得代码执行权限,攻击者能够将恶意工具植入载荷1计算机,并将其作为进一步感知态势和利用航天器的立足点。

11.3 运控地面网络

攻击者已经具备了使用航天器的初始能力。每当航天器过境地面站时,攻击者就利用恶意软件建立起从航天器到运控地面站的通信连接,最终通过在地面站服务器内植入的后门将数据返回到黑客所在的地方。

11.3.1 遭到入侵的方式

类似于前面所述的恶意软件感染任务文件,并上行注入航天器执行一样,载荷获取的数据文件也可以经过类似的修改后,当该被攻击的航天器飞经其他地面站时,恶意软件将其下传到地面。通过这种方式,虽然分布多地的地面站是独立且未直接相互连接,但只要其接收到卫星载荷计算机下传的被感染任务数据均会成为恶意软件的攻击目标。行动下一阶段如图 11-3 所示。

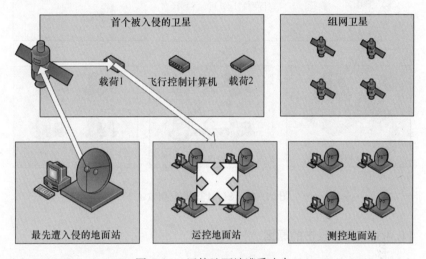

图 11-3 运控地面站遭受攻击

11.3.2 遭到入侵的原因

由于多个运控地面站被入侵控制,攻击者具备了维持多链路独立接入航天器的能力。通过更多的运控地面站通道,攻击者也将拥有更多的与航天器通信的时间窗口。当航天器过境受感染的运控地面站点时,攻击者可以操控成像载荷,也可以为成像载荷分配任务。此外,攻击者可能实施的任何恶意行为都会影响大部分太空系统的运行和工作。

11.4 飞行控制计算机

通过运控地面站持续地接入和访问太空系统,攻击者将进一步转向攻击航天器的飞行控制计算机。

11.4.1　遭到攻击的方式

在微观分析中,对飞行控制计算机的攻击是通过软件或操作系统中的远程代码漏洞来实现的。对航天器飞行控制计算机的攻击过程如图11-4所示。

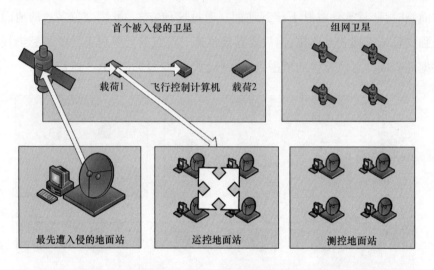

图11-4　飞行计算机遭到攻击

11.4.2　遭到攻击的原因

在这个特殊的航天器中,飞行控制计算机实际上是一个功能增强的版本,它不仅负责处理遥测数据和控制航天器在轨飞行的相关部件,而且处理软件定义无线电和加密通信,建立与测控地面站的通信链路。

11.5　测控地面网络

正如多个运控地面站组网支持航天器载荷的操作和控制,对于航天器的飞行控制也是相同的。组网卫星的飞行控制需要由广泛分布的多个地面站共同支持完成任务,最大限度地获取部署在若干轨道平面的多个航天器下传的结果数据。确保这些卫星在正确的轨道上运行,并最大化有效载荷操控的持续性,这些都需要一个地面站网络来执行飞行控制任务。

11.5.1 遭到攻击的方式

正如利用载荷数据中的恶意软件感染和入侵运控地面站,飞行控制计算机的遥测数据文件能够以相同的方式感染测控地面站。当测控地面站的操作终端接收和处理含有恶意程序的遥测数据时,被植入的后门就会试图与互联网进行通信。测控地面站遭到攻击如图11-5所示。

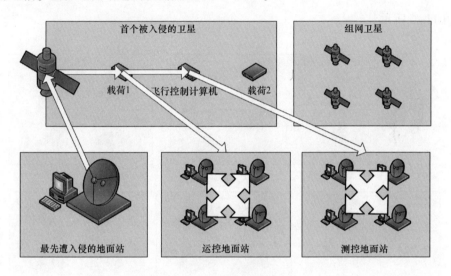

图 11-5 测控地面站遭到攻击

11.5.2 遭到攻击的原因

入侵并获取卫星测控地面站网络的访问权限更加有利于攻击者实施网络攻击行动。攻击者能够削弱航天器飞行控制操作人员对网络安全事件的感知能力,并阻止其重新获得对航天器的访问控制权。攻击者在获得地面站网络接入和访问权限后,也能够更频繁地访问受攻击的航天器,增强了攻击的持续性。

11.6 载荷2计算机

虽然从遭到入侵的运控和测控地面站网络可以进一步攻击其他航天器,但是攻击者期望通过空间段途径攻击组网星座。为达到该目的,攻击者需要获得对载荷 2 计算机的访问权限。载荷 2 计算机承担组网航天器星间链路的通信、路由和数据交互等任务。

11.6.1 遭到攻击的方式

飞行控制计算机与载荷 2 计算机之间存在交互接口。攻击者可以再次利用远程代码执行漏洞，将攻击方向从飞行控制计算机转到星间链路载荷，如图 11-6 所示。

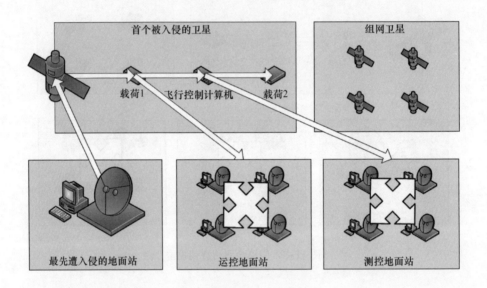

图 11-6　载荷 2 计算机遭到攻击

11.6.2 遭到攻击的原因

载荷 2 计算机将成为最后的攻击跳板，攻击者将从此转向组网星座中的其他航天器。

11.7 星间组网

攻击者一旦获得对载荷 2 计算机的访问权限，就可以进一步研究如何扩展渗透至组网星座中的其他航天器，以获取对整个星座网络的接入访问能力。攻击者像这样从最初入侵的航天器进而攻击其他航天器，是非常有价值和意义的。首先，攻击者可以不像当前场景中所设想的那样，必须将攻击范围延伸到多个地面站。由于卫星轨道与地面站位置关系的问题，星座中的许多卫星可能并不飞临受攻击的地面站，攻击者也就无法通过该地面站获得航天器访问权限。这时，攻击者就可以通过某个航天器的星间链路载荷渗透至整个组网星座。其次，通过星间链路实施攻击是一个更加隐蔽的选项，而不是通过下行数据攻击其他地面站，再经该地面站中转攻击其可见的其他航天器。这主要是因为地面站具有更强的安全防护措施，而过多的受感染文件下传到地面站，再通过上行链路扩展攻击其他航天器，更加容易暴露攻击者的行动。

11.7.1 遭到攻击的方式

组网卫星利用星间链路处理和传输任务数据的方式，能够以更快的速度将数据传回地面；但是，攻击者可以利用该过程获得远程代码执行能力，同样也具备在天基网络中快速传递恶意软件的能力。另外，不同的航天器星间链路通信方式还存在通过远程漏洞实现远程代码执行的可能性。如果星间组网在点对点协议上使用了类似于TCP/IP的协议栈，航天器之间的通信就会存在漏洞，就像地面常规网络从主机到主机的网络漏洞一样。如果针对太空系统的攻击与当前的例子完全一致，那么攻击天基网络能够以混合的方式完成。攻击者通过航天器间的星间链路散播恶意后门和代码，然后利用地面站网络中的一个站点控制航天器执行驱动程序更新或其他任何功能的文件。天基网络遭到的攻击如图11-7所示。

11.7.2 遭到攻击的原因

如果攻击者对航天器、测控地面站和运控地面站发动攻击，就可以通过一次全面行动使整个太空系统失能。针对这种情况，操作人员几乎或根本没有应对处置或恢复系统运行的能力。采用与微观分析例子中相同的攻击方式，攻击者通过攻击软件定义无线电使航天器丧失对地通信功能，再在所有组网卫星上传播扩散并执行恶意二进制攻击程序。与此同时，攻击者利用类似于WannaCrypt攻击的勒索病毒，对测控和运控地面站网络内的计算机硬盘进行加密。攻击者根本不打算解密硬盘，甚至不打算接收勒索赎金，而是让太空系统的运行机构陷入一种"追逐兔子"的流水线模式，认为自己只是遭到了地面网络

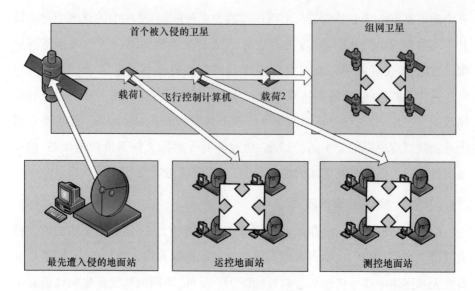

图11-7 天基网络遭到攻击

攻击,而当恢复地面网络状态后,才发现整个太空组网星座都已经失效。

11.8 小结

虽然上面提到的场景需要攻击者具备大量的资源才能完成,但是这肯定是在可实现能力范围内的。考虑到针对太空系统进行网络攻击的行动很可能是由国家层面支持的,攻击场景似乎就比较贴近实际了。随着太空中越来越庞大的卫星网络和复杂系统的运行,网络安全需要从地面自下而上和从太空自上而下地贯彻实施,以尽可能防止出现例子中的大范围灾难。更换太空中的系统需要数年,即使天基网络的备份卫星已经生产并存放在仓库,但仍然需要安排发射计划,完成太空部署,并机动进入预定运行轨道。为了提高应对此类攻击的太空系统弹性,航天器及其组件、地面站需要从安全角度降低当前所设想和已实现的相互信任程度。正是因为这种信任,攻击者才有机可乘。

第 12 章
总结

在介绍太空系统及其在太空环境中运行的约束限制和面临的挑战之后,广泛讨论了航天器及其任务面临的威胁。随后,详细讨论了攻击者为引入这些威胁所可能利用的漏洞和攻击方式,然后通过两个场景阐明各种安全威胁和攻击方式是如何在网络攻击行动中结合在一起,从而对整个太空系统及其操作运行造成巨大破坏。下面谈一谈与太空系统相关的,并且需要太空领域和网络领域共同关注和推动解决的一些网络问题。

12.1 代价问题

太空系统,特别是涉及组网卫星的复杂太空系统会存在成本问题。向太空系统运营商很难证明的一点是,为解决网络安全问题而采取措施的代价和成本是值得的,因为这种代价和成本是很难界定的。一种向太空系统所有者或运营商描述这种成本的最简单的方法是,执行任务的时段将会有多少时间用于实施安全防护措施。这些安全防护措施可能是更改配置,这对整个任务生命期的影响基本上可以忽略不计;也可能是上传更新或安装新版本操作系统和固件,这要相对占用一定的时间。

更新配置的数据量较小,并不会占用大量的任务弧段向航天器上传数据,

太空网络安全

器上计算设备执行配置更新只需几秒就能完成。相反,重装操作系统可能需要占用大量弧段上传必要的文件。安装系统可能会花费较长的时间,并且增加了额外的风险。如果在重装系统的过程中出现问题,该组件很可能反复加电重启,导致航天器整器停止运行。

考虑到重装操作系统的情况,多数太空系统运营商的决定是,接受可能危及该组件的风险,或程序故障而产生错误的风险,而不是在重装系统过程中引入潜在的无法挽救太空系统的破坏性风险。需要向太空系统的所有人阐明,漏洞和缺陷是如何对太空系统构成风险和影响的,应使其认识到问题的严重性,这样,他们才能做出更好的决策。

相比于代价已知的情况,更困难的是尚不知晓的代价。一种情况是代价相对可度量,例如利用 10 个弧段上传补丁,再用 1 小时在航天器上安装,最后冒着一定风险重新启动组件或整器。这种情况可以很容易地将所用时间转化为太空系统任务寿命期的百分比。完全不同的另一种情况是代价无法估算,例如,为在太空系统卫星网络上正式推广一款新的操作系统,需要在组网星座内所有航天器上重新安装操作系统,却无法说明其对系统运行的影响。

地面将驱动程序或操作系统上传到组网星座中的一颗或更多颗航天器,然后将该文件在组网星座中传递,最后所有航天器安装更新并重启组件。对此,有必要深入计算、分析整个过程需要多少时间成本,同时,断电重启安装也面临较大的风险。以耗费时长和航天器面临的多重风险程度可以来做出代价成本方面的决策。然而,将该时间与卫星网络整个运行寿命期的时间相比,将风险程度与设备重启对任务造成的直接影响相比,这是一个更为复杂的问题。

在卫星网络中,如果 10 颗卫星中有 1 颗卫星在重启后出现故障,是否可以接受?百分之一呢?采用另一种方法对这个问题进行优化,即当一些航天器未执行载荷任务或未与地面站通信时,这些航天器可以通过星间链路传递更新文件,并进行安装和设备重启,这个过程对太空系统所有者会更有吸引力。如果通过该方法来解决相关问题,就要开展大量分析计算工作,同时还需要资深的航天专家、机器学习和网络安全等方面的大量投入和研究。

大型组网卫星星座的运营管理方认为,不必过分担忧网络安全问题,其能够承担相应风险,但前提是只有一颗或两颗卫星遭到攻击,整个组网星座星间网络仍然可以运行和执行任务。然而,事实上网络安全漏洞能够对星座中的一颗卫星造成影响,就有可能影响所有卫星,并且将危害漫延至整个组网星座,传播速度如同有效载荷任务数据在星间网络内传递,最后经星地链路传输到地面一样快。

12.2　网络战争问题

网络战争问题相当严峻,我们应当引起重视。网络战争非常适合在太空领域实施,太空领域面临着巨大的网络战争的威胁。下面简单讨论网络战争的成本效益问题。假设特种部队乘飞机在敌国境内执行救援任务,为确保空中飞行的安全性,需关闭敌方某个站点的雷达。如果使用网络攻击手段达到作战目的,那么该站点必须是可访问的,并且能够利用必要的漏洞获取访问权限。

即使具备了对雷达站实施网络攻击的条件,也并不能保证达到预期效果。因为在这种情况下准确评估网络攻击作战的毁伤效果十分困难,难以确定雷达站是否处于完全瘫痪状态。另一种可行选项是实施动能打击,向雷达站发射导弹,在进行打击效果评估时,侦察情报直观地显示目标雷达站变成了一个弹坑,飞机可以安全地飞越和执行救援任务。此时,特种部队驾驶着飞机执行救援任务,当飞机经过冒烟的雷达站弹坑时,内心会感觉更加安全,而不至于眼看着一个似乎完好无损的雷达站而担心,心中暗自期待网络专家们确实完成了任务。

在空中、陆地和海上等大多数作战领域都存在这样的问题,动能打击往往比网络攻击具有更好的成本效益。然而在太空领域情况恰好相反。动能打击在轨卫星将使轨道空间产生碎片区。碎片以每小时数千英里的速度运行,很可能与许多其他无关的航天器发生碰撞。太空是实施网络战的绝佳之处。如果成功实施了太空网络战,卫星在轨道上被悄无声息地破坏,或者在大气层中烧毁,那么这种方式对其他太空系统构成的威胁是微不足道的。

关于太空领域网络战争的另一个问题是针对航天器实施的任何网络行动,几乎可以肯定是一种攻击行为,最终会破坏航天器,或使其执行任务的能力降级。从网络角度看,通过受攻击的地面站能够相对容易地进行有效的情报收集,甚至篡改载荷任务数据。所以,获取卫星远程代码执行权限的唯一真正原因是使卫星受损或失能,或者将其作为攻击中转点,用于攻击其他卫星和地面站。

通过上述讨论能够发现两个事实:一是太空领域适合实施网络战;二是对在轨航天器进行网络攻击的目的是破坏太空系统。基于这两项事实可得出结论:国家,或国家支持的攻击行动以及构设的高级持续威胁,最有可能将太空系统及其航天器作为攻击目标。也就是说,大多数太空系统面临的网络安全威胁可能来自具有明确动机、掌握丰富资源且技术先进的有关国家。

12.3 测试问题

目前,太空领域仍存在一些测试方面的问题。环境和操控方面的风险可以在设计、开发和演练的过程中得到缓解,对于网络而言却并非如此。航天器组件的结构完整性能够得以保证,例如每个螺栓按照工程师确定的规定扭矩进行特殊的旋压。可以通过振动测试,对航天器结构进行检测,以确保其在运载发射和星箭分离入轨过程中能够承受相应的振动。

在某些情况下,政府规程要求对太空系统的安全控制进行验证,以适应其作为航天器或地面站等常规网络的需要。这类似于所有螺栓都以正确的扭矩拧紧。在网络领域最接近振动测试的项目是将软件测试和红蓝对抗结合,采取在航天器上实际运行代码和计算数据的方式,开展网络安全风险框架的验证和检查,确保不会被攻击者轻易破防。倘若航天器和地面站违反相关规定,未实际安装、部署并运行安全防护设备,那么太空系统将面临更大的危害和更多未知的网络风险。

12.4 适应性问题

太空系统的研制方通常会做出决策,采取适当的措施、合理的步骤消除非网络风险,然后对措施的有效性和可行性进行验证、核查和演练应用,这在一定程度上缓解了航天器面临的非网络风险。就航天器物理部件的完整性风险而言,通过采取适当的结构性措施,在生产制造过程中施以精确的扭矩,并通过振动测试验证措施的有效性和可靠性,可以减小发射过程中部件发生断裂的概率。

在这一点上,通过采取规避和应对措施,风险的发生概率和危害性都有所下降,风险变得相对可以接受。但是,网络安全问题的解决方案和措施需要持续改进,并根据威胁的变化不断迭代和更新。航天和网络技术日新月异,针对网络安全威胁的解决措施很可能会因为新发现的另一个漏洞而失效,甚至可能出现针对该漏洞的网络攻击武器。太空系统正在不断适应各种网络威胁,同时网络威胁也在不断发展变化,努力突破太空系统的各种防御措施。这意味着,太空系统通过初步的网络安全检查后,运营商尚不能自觉安全无忧。

12.5 深度防御问题

当前,太空系统架构和运行方面面临的另一个问题是组成太空系统的子系统之间过度信任,这导致了大多数系统在地面站之外的空间段、链路段没有深度防御能力。地面站以上都是完全信任的,航天器和地面站之间彼此完全信任。之所以是这样,是因为从计算效率的角度看,信任航天器组件间的信息收发、地面站与航天器间的信息收发,使得系统运行更加高效。这对于网络通信也是一样的。

在太空系统中对组件到组件、系统到系统传输的信息进行验证,将有助于防止太空系统遭受攻击,能够有效阻止攻击行动在太空系统中扩散。随着航天器上计算能力的不断提升,将会有足够的资源来执行更多的访问权限控制和基于规则的安全措施。在可承受的资源成本范围内,太空系统应采用和实现安全解决方案。

12.6 现代化问题

现代化问题事实上包含现代化的需要,更进一步是正确现代化的需要。为最大程度减少航天器上的非必需品,太空系统使用的操作系统和软件是功能精简、资源敏感和能源受限的,用尽可能少的资源完成必要的功能和任务。然而,这样的结果是,攻击者入侵一个地面站时,实质上是在使用更先进的工具和更强计算能力的设备,利用最新发现的漏洞攻击过时的不具备防御能力的计算设备。这便是对太空系统持续推进现代化的原因。

航天器器载计算机性能不断提升,将从运行一次性软件、轻量级实时操作系统过渡到运行更传统的 Linux 和 UNIX 操作系统。鉴于代码更加传统、更易移植、更易实现,航天器的软件代码开发工作更加容易,还能获得来自操作系统社区的大力支持。一般来说,使用更加先进、现代的操作系统软件来实现任务功能相对更加容易。开发人员更便于编写出高效运行的航天器软件代码。但是,攻击者也更容易编写出在航天器上高效运行的恶意软件。

在持续实现太空系统现代化的同时,还要注意防范现代化所产生的网络安全风险。随着太空系统现代化水平的不断提高,并逐渐开始应用类似于地面上常见的计算机操作系统,攻击者将感到太空系统攻击面逐渐从陌生变得熟悉。这些并不是要阻止太空系统现代化进程,当决定从 VxWorks 或 OpenRTOS 操作系统转到使用 CentOS 或 BSD 操作系统时,应当综合全面地发挥这些操作系统的功能和特点,不仅要利用其易于编码、功能强大的特点,而且要利用这些操作系统成熟的安全解决方案,如软件防火墙、成熟的权限管理等。

为了使航天器开发研制工作更为高效和便捷,航天器研制方逐渐倾向于使用 Linux 操作系统,但为了操作系统尽可能少地占用航天器的硬件资源,对 Linux 操作系统配套的安全软件和设置进行了裁剪。这样一来,航天器将极易成为恶意网络攻击者的目标。太空系统研制方在实现航天器现代化的同时,还需要完整地实施现代化的网络安全解决方案,采用配套的安全功能。

12.7 故障分析问题

随着航天器组件软件定义化的扩展和对数字组件依赖的增强,网络攻击带来的威胁在本质上是数不胜数的,潜在影响是不可估量的。航天工业有着深厚的故障分析传统,然而,在一段时间内人们很可能忽视了蓄意网络行为导致航天器失效的影响。这是因为具备高技术水平的网络攻击者既然能够访问航天器,就能够很好地掩盖其行动踪迹。然而,航天器操作人员首先专注的是对已知故障的分析,会提出"为什么这个组件会发生物理故障?",最后才会关注通过网络攻击破坏航天器的可能性。只有从网络方面着手开展故障分析,才有可能有效阻止网络攻击行为。例如,应首先分析在航天器运行控制中处于中心位置的 C&DH,以及 SDR 等必需组件是否因遭受网络攻击,而使航天器发生故障。

12.8 小结

总之,希望本书对网络安全专业人员和航天领域的相关人员,以及阅读本书的任何人都有指导意义。太空领域对网络安全领域来说是一个非常有趣和复杂的难题。这两个领域的人员应当充分认识到彼此的不可分割性。随着航天工业的发展和太空系统的广泛应用和普及,网络安全领域需要了解太空系统运行的约束和挑战。

安全解决方案应当能够在太空这种特殊的环境中实现和实施,并且能确保太空系统正常地完成任务,而不是成为一个额外的限制条件。航天工业需要开始接受一个事实,即太空系统面临的许多威胁虽然并不是网络威胁,但可能是网络所致。随着航天器器载功能软件定义化的持续深入发展,网络攻击可能给太空系统带来更加广泛的威胁。

网络安全是太空系统运营面临的有针对性的、不断演变的风险,会对太空系统诸多方面产生影响。太空系统的负责人应该认真思考:太空系统组件的任何问题是否与网络攻击有关,太空系统是否已经受到威胁,遭到了网络攻击。本书希望载人航天器上的计算机恐吓和攻击航天员或其他航天器的场景,永远只是存在于被大众喜爱的科幻小说之中,永远远离现实。